高等院校『十三五』艺术类专业精品课程系列规划教材

The representation technique in the

drawing of Space

室内空间效果图表现技法

（第2版）

杨 翼 汤池明 主编

武汉理工大学出版社
WUTP Wuhan University of Technology Press

图书在版编目（CIP）数据

室内空间效果图表现技法 / 杨翼，汤池明主编．—2 版．—武汉：武汉理工大学出版社，2017.7
（高等院校“十三五”艺术类专业精品课程系列规划教材）
ISBN 978-7-5629-5563-4

Ⅰ．①室… Ⅱ．①杨… ②汤… Ⅲ．①室内装饰设计－绘画技法 Ⅳ．① TU204

中国版本图书馆 CIP 数据核字（2017）第 154196 号

项目负责人：杨　涛
责 任 编 辑：杨　涛
责 任 校 对：丁　冲
装 帧 设 计：陈　西
出 版 发 行：武汉理工大学出版社
社　　　址：武汉市洪山区珞狮路 122 号
邮　　　编：430070
网　　　址：http://www.wutp.com.cn
经　　　销：各地新华书店
印　　　刷：武汉精一佳印刷有限公司
开　　　本：880×1230　1/16
印　　　张：8.5
字　　　数：319 千字
版　　　次：2017 年 7 月第 2 版
印　　　次：2017 年 7 月第 1 次印刷
定　　　价：46.00 元

凡购本书，如有缺页、倒页、脱页等印装质量问题，请向出版社营销中心调换。
本社购书热线电话：027-87384729　87664138　87391631　87523148　87165708（传真）

自序

室内空间效果图表现技法作为环境艺术设计专业的基础课程，旨在培养学生观察、记忆、思考的能力，通过大量的绘画练习，掌握室内设计表现技法的基本方法和技能。效果图表现在当今已经呈现出非常多元化的趋势，本书中的重点，是针对手绘表现技法的各种练习方法进行示范。

手绘作为一种最原始、最直接的设计方式，越来越突显其在艺术设计中的魅力。从某种角度来说，手绘技法能更自由、洒脱地表达设计者的个性思维，也更能体现一个设计者的艺术修养。其练习、探究的过程，也正是设计师成长历程中不可缺少的重要环节。提高徒手绘画技巧，将会有助于理解环境，进而用图描绘环境。手绘草图是室内设计表现中设计师的创意过程，它通过简洁、精练、概括的线条，快速地将构思艺术性地表达出来。通过无数的创意手稿，激发对形状、空间、构造、材料的沉思和想象。

徒手表现的方式使我们的创作愿望转变为创作活动，它融合知觉与想象，揭示视觉思考的实质，是空间造型的基本方法。从概念构思草图到方案效果图，它揭示设计创意的符号语言，通过不断推敲、完善逐渐形成真实的三维世界，它客观地反映一个设计师对室内设计的认知。

本书在整个章节的编排上，主要是从循序渐进的练习过程出发的。第1、2章，是准备阶段，了解效果图表现技法的基本知识和各种工具及其特性；第3、4章，是做好手绘表现的基础练习，准确把握好室内设计空间透视，熟悉室内设计空间里的各种家具与陈设；第5章，是针对各种表现方法的细节进行讲解。针对当今手绘表现的趋势，以马克笔、彩铅这类快速表现工具为重点，提供相关示范图例，并在针对与电脑绘图技术结合的部分，提供了最前沿的讯息；第6章，在编者做的室内设计方案中挑选出几个典型案例，来演示从平面布局，到形成空间透视的全过程。

编者结合自己和同行在设计过程以及课程教学中的经验，耗时近两年完成本书的编写任务。在这段时间里，为了让本书能呈现更好的画面效果，我们经历了反复推敲，为本书配置了大量的绘画。期间有很多画作在编排的过程中被删去，从删除到再次重画，整个过程是煎熬的。做设计也是一样，要经历反复的涂鸦、修改，迟迟不敢定稿，以期待更完美的展现。我们努力的最终目的就是希望此书的出版，能给广大的学生和爱好者在室内设计专业表现的学习上带来帮助。

本书不妥之处在所难免，望广大同行和专家批评指正。

杨　翼

2017年7月

目录

效果图表现技法概述

[学习要求]

通过本章节的学习，了解室内设计效果图的功能和作用，对室内设计效果图技法有初步的了解和认识。

[学习提示]

查阅、收集当代设计效果图方面的资料，并加以分析研究，对不同技法、风格，加以比较分析，仔细领悟优秀的室内设计效果图的成功之处。

1.1 效果图的发展演变

手绘效果图源于建筑学。在西方古典建筑学发展历程中，曾有一批艺术巨匠投入到建筑设计中，比如文艺复兴时期的达·芬奇、米开朗基罗等，他们将设计与表现融为一体，既是建筑师，又是工程师，同时还是画家、雕塑家。从这些大师们的经典作品中，我们可以看到他们对建筑的透彻了解以及对于透视、渲染等技法的娴熟把握。在西方古典建筑教育中，手绘渲染技术不可或缺（图1-1~图1-4）。

图1-1 达·芬奇的建筑草图

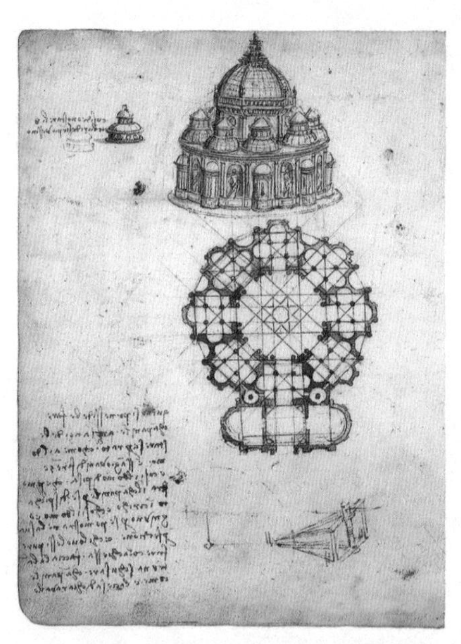

图1-2 达·芬奇的建筑草图

图1-3 达·芬奇的结构草图

图1-4 达·芬奇的建筑景观草图

在中国传统绘画中，有一种称之为“界画”的画法，可以理解为中国传统的建筑渲染图。虽然其运用的透视学原理与西方绘画透视不同，但其作用是一样的，也是为了表现出一个建筑的直观样式。比如现存于海外的《圆明园全图》，就是一组非常庞大复杂的建筑效果图，可以称得上中国传统建筑式样的集大成之作，为中国传统建筑样式研究留下了非常宝贵的财富。中国历代绘画精品中的《清明上河图》，也汇集了多种建筑物的表现。从某方面讲，这幅惊世之作也是一幅大型的建筑表现长卷（图1-5~图1-8）。

随着建筑专业的发展，效果图的表现技法也在不断地改良和提高，而计算机的运用，更使其成为了设计领域的一个专业方向。计算机软件技术的突飞猛进，也使设计师们的表现力得以多样化，三维设计软件可以实现对现实的高度模拟，许

图1-5 圆明园全图（局部）

图1-6 圆明园全图（局部）

图1-7 清明上河图（局部）

图1-8 清明上河图（局部）

多效果图表现逼真，形成很大的市场需求。国内外近年来都出现了大批专业的效果图制作企业。虽然，计算机的普及让电脑效果图制作飞速发展，但手绘效果图仍然具有其不可替代的作用，即使在效果图专业制作企业，早期方案还是需要用手绘来确定，并且手绘效果图所具有的灵动感和表现力也非电脑效果图可以取代。因此，手绘仍然在效果图表现领域占有一席之地，其技法和表现方式都已经形成了独立的专门体系，需要通过专业的训练来提高。

与建筑学相关的设计类专业、环境艺术设计专业的从业人员，要掌握扎实的手绘基本功，为效果图表现打好基础。

1.2 效果图表现的作用

效果图通过长期的专门化发展，已经不同于一般绘画，它的作用已不仅是带来美的享受，而是发展成具有很强的实用性，是设计师表达设计意图、传达设计理念的基本手段。从某一层面而言，它不再仅仅是一种技法，同时也是设计的组成部分。具体而言，效果图的作用和特点可从以下几点阐述。

1.2.1 表达设计理念

作为一名设计师，如果不能将设计理念通过媒介和载体表现出来，其设计就没有任何意义。效果图表现的重要作用，就是表达设计师的设计理念。不同技法的运用，可以体现出设计师的设计思维，是重实用还是重装饰，是强调空间还是强调光影等等，这些都可以通过效果图表现出来。

在进行设计方案竞标的过程中，效果图可以起到画龙点睛的作用；结合整体设计方案的文案，效果图能够充分地将设计师的设计理念表达出来。

1.2.2 分析设计方案

效果图另一个重要作用，就是协助设计师的团队分析设计方案。通过效果图，设计师在一个模拟的三维空间里，全面分析自身的设计方案。从整体到细节，通过效果图的全方位展示，找出方案的不足，同时在这个模拟的空间里面，也可以了解设计空间形态、色彩、光线等各种设计因素的相互作用，将方案进行及时调整和变更。

1.2.3 沟通传达设计意图

从实用角度而言，效果图主要用于和客户沟通。绝大多数客户对专业设计的方案是不够了解的，图纸虽然能够准确表明设计方案，但未经专业训练的人很难读懂。建筑模型虽然很直观，却不易携带。特别是为客户提供设计方案时，效果图的表达清晰直观，可以在很大程度上让客户了解方案的亮点，并取得对设计师的信任，而且，在讲述方案的同时及时勾画设计草图，可以促进沟通的流畅（图1-13、图1-14）。

1.3 效果图表现的特点与规律

图1-13 传达设计意图

图1-14 传达设计意图

在环境艺术专业范畴内，常见的效果图主要有室内环境效果图、室外环境效果图、灯光照明效果图、立面效果图等。效果图不同于一般的绘画，其目的在于表现设计者的设计意图。因此，效果图具备不同于其他绘画创作的特点与规律，具体可从以下几方面来阐述。

1.3.1 准确性

准确性是效果图的一大特点。效果图的表现必须符合设计方案要求，即要准确表达出设计方案的造型、光线、材质、色彩等方面的要求，特别是造型上，比如建筑空间形态、体积感、尺度、结构、构建方式等，可通过效果图将方案直观地表达出来。

强调准确性是效果图的重要标准。在进行效果图绘制时，绝不能脱离实际的尺寸而随心所欲地改变形体和空间限定，或者背离客观的设计内容而主观片面地追求某种“艺术趣味”。总之，效果图的准确性是其灵魂（图1-15、图1-16）。

1.3.2 真实性

效果图的第二个重要特征是真实性。所谓真实，并非强调跟场景照片一模一样，而手绘是用笔触来表现的，看上去就不真实了。真实性的关键在于表达上要素符合现实场景规律，比如：空间气氛要营造真实，空间形态要客观真实，并且从色彩、光影、肌理的表现方面要遵循透视学和色彩学的基本常识与规律。此外，在表现灯光效果、绿化植物、交通工具以及人物行为动作点缀等方面也必须符合设计的效果和气氛。我们可以将准确性与真实性称之为效果图的科学性（图1-17）。

图1-15 设计师方案效果图

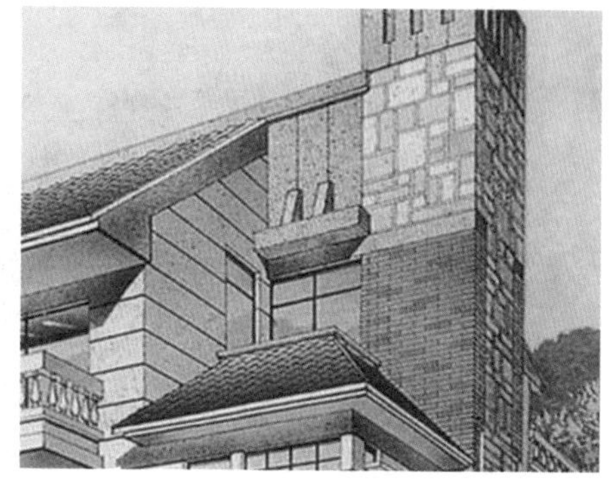

图1-16 精准的材质细节

图1-17 空间与光影的真实表现

1.3.3 描述性

效果图在表现整体建筑装饰效果或场景效果的同时，也具备一种描述性，即能明确表示出设计方案中所运用的材质、肌理、色彩等，还有植物种类及排布方式、室内家具陈设的选择、灯具的布置和数量、整体风格等等。这种描述性，使效果图具备了一定的普及设计知识的作用。客户通过解读效果图所包含的内容，能够了解到如何运用合理的装饰及陈设布置自己的工作、生活环境。设计师通过效果图的画面，可以了解到同类型设计方案中的常用元素，从而在自身接受设计任务时有所借鉴。

另外，通过不同的优秀效果图作品，可以让我们了解一幅成功的效果图是如何选择表现角度、光线配置和环境气氛的（图1-18）。

1.3.4 艺术性

设计本身属于兼具科学性与艺术性的专业，因此设计效果图在保证了前述的若干特点之后，也必须兼顾艺术性，毕竟效果图与产品说明书上的图例有本质的不同。

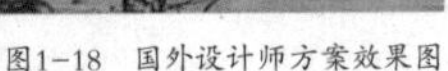

图1-18 国外设计师方案效果图

图1-19 国外设计师方案效果图

优秀的效果图具备艺术感染力。创作一幅优秀效果图的前提是创作者本身具有良好的理论素养和过硬的造型功底。

不论电脑效果图还是手绘效果图，都不能忽略艺术表现力。电脑效果图的艺术性重在将效果图表现得更像有艺术性的摄影作品；手绘效果图的艺术性则是，通过画面上的线条、色彩、构图，将美的法则体现充分，同时将设计师本人的艺术修养与气质体现出来。许多优秀设计师的效果图本身也可以成为一件艺术作品（图1-19）。

1.4 效果图表现技法的分类

目前，建筑或室内效果图的表现技法主要分为电脑与手绘两种。前者主要依托设计软件，我们称之为电脑辅助设计，它可以在电脑上完成，也可以将手稿扫描进入电脑后再进行处理。

本书重点介绍常用手绘效果图的相关知识。从表现技法而言，手绘效果图的表现技法非常丰富，有铅笔素描技法、水彩技法、水粉技法、马克笔技法、钢笔淡彩技法、喷绘技法等等。

效果图的表现技法各具特色，它们都要依据透视造型、明暗关系、色彩搭配、形体构成等绘画知识，再结合相应的设计思维，综合之后才能创作出高水准的效果图。因此，学习效果图表现技法，绝不能只停留在技法本身的层面，必须建立起正确的空间形态概念，并掌握相关的照明及光影、空间结构构造、装饰材料理化特性等知识。先从局部的表现开始入手，掌握各种材质的表达；再从空间形态的形成入手，将平面设计方案通过合理的透视方法变为立体图形。最后从光线的性质考量空间明暗面的处理。

在表现建筑形态或者内部空间时，效果图表现技法主要运用在光线与阴影的表现、空间尺度的营造、色彩与质感的再现、空间视觉的模拟等方面。可以说，效果图是于二维空间中构建三维世界，在准确真实的前提下进行适当的艺术夸张与取舍，将设计师心目中的理想方案准确地呈现出来。

广义的效果图，包含多种设计行业，比如建筑设计、环境艺术设计、工业造型设计、服装设计等，这些设计专业都需要效果图。因此按行业划分，我们可以将效果图分为建筑效果图、景观效果图、室内设计效果图、产品效果图、服装效果图等等。

根据使用工具的不同，又可将其划分为手绘效果图、电脑效果图、手绘电脑综合效果图。

而根据技法的不同，手绘效果图又可分为精细渲染图、慢写式手绘效果图、快速方案表达式效果图等。

在本书中，我们重点研究室内空间的手绘效果图。

思考与练习：

1．20世纪80年代室内设计效果图表现和当代室内设计效果图表现的差异。

2．当代室内设计效果图表现技法的特征。

2 效果图表现技法的工具

[学习要求]

通过本章节的学习，充分了解室内设计效果图表现所用到的各类工具与材料，熟悉它们的性能，并运用自如。

[学习提示]

室内设计效果图表现工具的种类很多，在学习的过程中，要选择适合自己表现习惯的工具，并让自己尽力去熟悉掌握一至两种，为掌握好效果图表现技法打好基础。

俗话说“工欲善其事，必先利其器”，手绘工具在效果图中起着举足轻重的作用。在效果图的表现手法中不同种类的工具也起到不同作用。本章节将重点介绍笔类、纸类、颜料类以及一些辅助类工具。

2.1 笔类

2.1.1 普通铅笔

铅笔是最常用的绘画工具，通常用于起稿且容易修改。在练习和表现中常用的是2B型号的普通铅笔。普通铅笔一般分为从6H~6B十三种型号：HB型为中性铅笔；H~6H型号为“硬性”铅笔；B~6B型号称为“软性”铅笔。各种铅笔B、H的数值不同，B越多，笔芯越粗、越软、颜色越深；H越多，笔芯越细、越硬、颜色越浅。其中HB、2B较好。过软的铅笔在绘制草稿后上色时会污染到颜色，使画面看起来很脏，过硬的铅笔碳芯较硬会划伤纸面，在绘画时，要将铅笔削尖（图2-1）。

2.1.2 自动铅笔

在练习和表现效果图的过程中通常使用的是2B型号的自动铅笔，在勾画正式线稿时会用到。普通自动铅笔，铅芯粗细为0.5mm和0.7mm等型号，在对画面进行细致勾画时会用到。高级绘图专用自动铅笔，常用粗细为2.0mm，是设计师专用的绘图铅笔（图2-2），适合方案草图和草稿绘制等多种形式的表现。劣质的笔芯容易断裂，颜色过浅，有时候笔芯硬度过强还会损伤纸面。

2.1.3 绘图笔

绘图笔是一个统称，主要指针管笔、勾线笔、签字笔等黑色碳素类的“墨笔”。这类笔的差别在于笔头的粗细，常见型号为0.1mm~1.2mm。其中要重点介绍的是针管笔。针管笔又称绘图墨水笔，是专门用于绘制墨线线条图的工具，可画出精确且具有相同宽度的线条。针管笔墨水稳固，一般钢笔、宝珠笔在用尺过后很容易形成拖痕。绘制线条时，针管笔身应尽量保持与纸面垂直，以保证画出粗细均匀一致的线条。平时宜正确使用和保养针管笔，以保证针管笔良好的工作状态及较长的使用寿命。针管笔在不使用时应随时套上笔帽，以免针尖墨水干结，并应定时清洗针管笔，以保持用笔流畅。针管笔也分为一次性和储水性两种，依其特性推荐两种品牌：日本樱花牌和德国红环牌（图2-3、图2-4）。

图2-1 铅笔

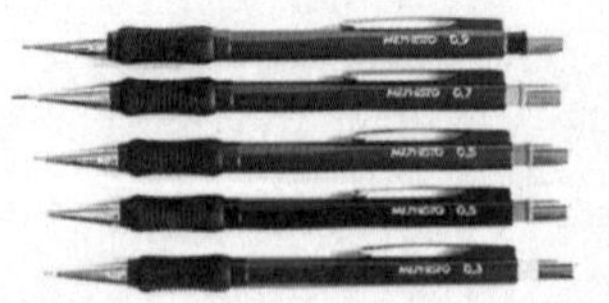

图2-2 自动铅笔

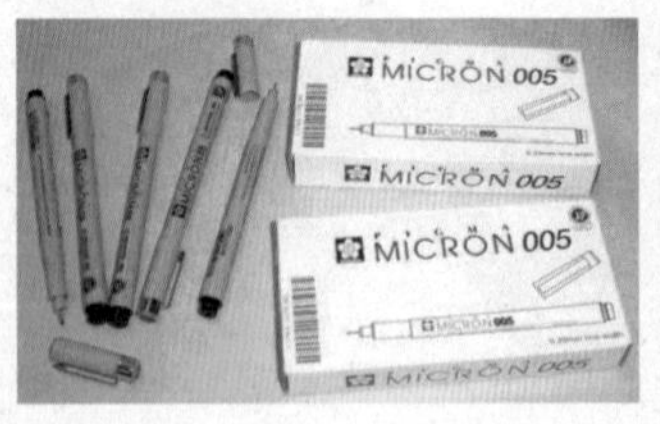

图2-3 日本樱花牌铅笔

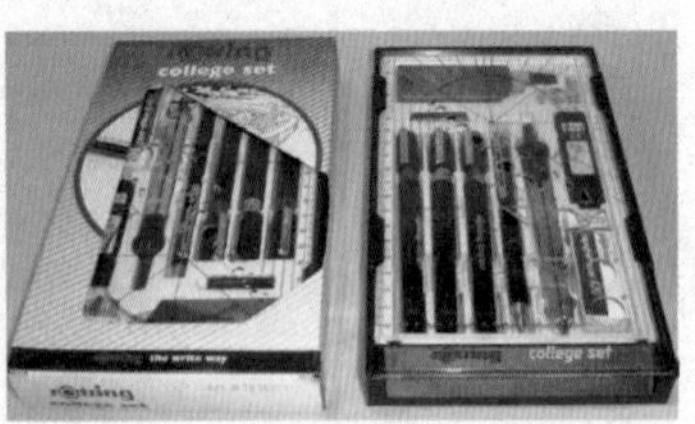

图2-4 德国红环牌针管笔

2.1.4 钢笔与美工笔

钢笔是最基本的手绘表现工具。英雄牌616钢笔，笔身圆滑，勾画出的线条十分细腻。它可以画一些很细的线条，当线条组成图形之后可以用排线法画出一些阴暗面，整个画面给人一种简洁、轻快、透气的感觉。同时，钢笔的价格相对低廉（图2-5）。

美工笔也称速写钢笔，它能变化自如地画出各种粗细线条，最适合画一些线面结合的图稿（图2-6）。

2.1.5 毛笔、排笔

在水彩表现以及透明水色表现中，我们还要用到毛笔类工具。水粉、水彩排笔适合大面积色彩晕染，配合小圭笔进行细部刻画。还有材质为尼龙丝制作的尼龙排笔，它含水性弱，笔锋比较平整，笔触整洁，着色变化均匀。但是在现在讲究效率的绘图时代，毛笔以及排笔运用较少。

2.1.6 彩色铅笔

彩铅是现在绘图者使用比较广泛的工具，它色彩丰富，价格低廉，运用手法简便。彩色铅笔分为“水溶性”彩铅和非“水溶性”彩铅。 彩铅在手绘表现中起着很重要的作用。无论是对概念方案、草图绘制还是成品效果图，它都不失为一种既操作简便又效果突出的绘画工具（图2-7）。

2.1.7 马克笔

马克笔是各类专业手绘表现中最常用的画具之一，其种类主要分为油性、酒精性和水性。油性马克笔具有浸透性、挥发较快，由于它不溶于水，所以也能与水性马克笔混合使用，而不破坏水性马克笔的痕迹。酒精性马克笔具有较强气味。色彩鲜明，干得快，无水性马克笔笔触与笔触之间的“交际痕迹”。水性马克笔没有浸透性，遇水即溶，绘画效果与水彩相同。笔尖形状有四方粗头、尖头、方头。粗头适用于画大面积与粗线条，尖头适用画细线和细部刻画。了解了各种马克笔的特性后，在作画时，还必须仔细了解纸与笔的性质，相互照应，多加练习，才能得心应手，取得显著的效果。在练习阶段初学者一般选择价格相对便宜的水性马克笔。灰色调为首选，不要选择过多艳丽的颜色。常见品牌如日本美辉牌（Marvy），有单头水性的和双头酒精的两种（图2-8、图2-9）。

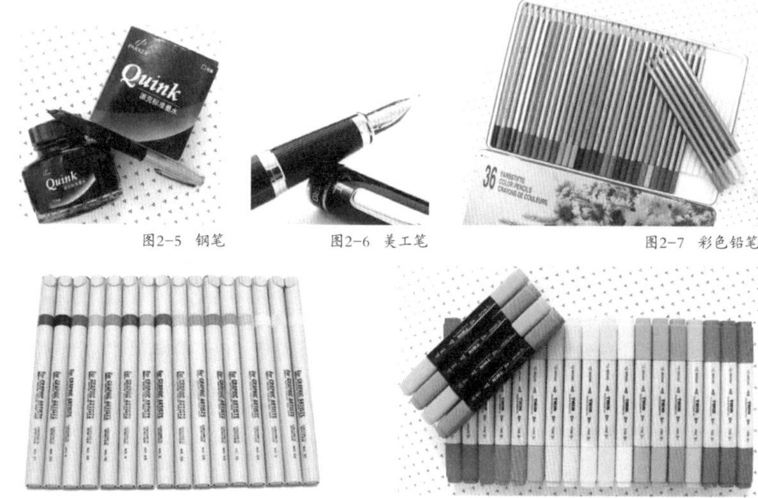

图2-5 钢笔　图2-6 美工笔　图2-7 彩色铅笔

图2-8 单头水性马克笔　图2-9 双头酒精马克笔

2.1.8 喷笔

喷笔是一种精密仪器，能制造出十分细致的线条和柔软渐变的效果。喷笔的艺术表现力惟妙惟肖，物象的刻画尽善尽美，独具一格，明暗层次细腻自然，色彩柔和，仿真度较高。

由于喷笔作画耗时过长，它的利用度较低，只是偶尔被用在一些特殊手绘表现上，本书不将其作为主要技法进行介绍。

2.2 纸类

2.2.1 复印纸

A4和A3型号的普通复印纸，便宜、方便购买，是初学者经常选用的纸张。

2.2.2 硫酸纸

硫酸纸是传统的图纸绘制专用纸张，适合绘图笔，有很强的透光效果，且具有一定的透明度，是理想的拓图练习纸张。

2.2.3 水彩、水粉纸

水彩、水粉纸适合用水彩、黑白渲染、透明水色表现以及马克笔表现。水彩纸纸面触感比较强烈，水粉纸颗粒纹路明显，适合特别材质表现。

2.2.4 其他纸张

白卡纸（分为双面卡、单面卡）、铜版纸、马克笔纸、插画用的冷压纸及热压纸、合成纸、彩色纸板、转印纸、花样转印纸等，都是绘图的理想纸张。

2.3 颜料

2.3.1 水彩

水彩颜料较透明，是传统的绘制设计效果图的材料，一直沿用至今。要把设计效果图简单而迅速完成，只需以线条为主体，再涂上水彩颜色即可。如铅笔淡彩、钢笔淡彩。着色的时候由浅入深，要一气呵成，尽可能避免叠笔。尼龙笔配合水彩更能表现水彩的透明度。

2.3.2 水粉

水粉具有相当的浓度，遮盖力强，笔触可以重叠，适合较厚效果的表现方法。在强调大面积设计或强调原色强度，以及在折面较多情况下，用水粉来画最合适。水粉颜料的渐变性强，笔法得当时会出现很好的渐变效果。现在水粉厚画技法很少使用，因为水粉较水彩而言覆盖力强，不容易出错。很多绘图在绘画铅笔淡彩或钢笔淡彩时，都用水粉替代水彩，称为水粉薄画法。

2.3.3 色粉

色粉也称粉画、彩色粉画笔。它并不是水粉画，而是特制的彩色粉笔。色粉通常画在有颗粒的纸或布上，直接在画面上调配色彩，利用色粉笔的覆盖及笔触的交叉变化而产生丰富的色调。在环境艺术专业多用于单体或者组合家具效果图的绘制上（图2-10）。

2.4 辅助工具

2.4.1 尺类

常用尺类工具有直尺、丁字尺、曲线尺、卷尺、放大尺、比例尺、三角板、大圆规、槽尺、万能绘图仪等等。

2.4.2 调色用具

常用调色工具有调色盘、碟、笔洗。

2.4.3 其他

其他的效果图辅具工具还有色标、描图台、制图桌、工具（包括裁纸刀、刻模用的各种美工刀和刻刀，以及胶水胶带）。

思考与练习：

1．根据自己的需要，购买相关工具，并通过临摹书中作品，初步熟悉这些工具。

2．根据练习，对比不同工具的不同画面效果。

图2-10 粉画笔

1 室内空间效果图透视基础

[学习要求]

通过本章节的学习，掌握室内设计效果图表现的空间透视的基本理论知识，各种透视的基本作图规律。确保效果图表现空间构架的准确性，并能最好地体现出空间特征。

[学习提示]

透视原理是一门理论性较强的学科，要深入地了解它，还需要多方面补充专业知识。同时，在对理论的研究基础上，进行大量的绘图训练，才能更好地为将来表达设计意图做好准备。

3.1 透视与透视图的意义

3.1.1 透视与透视图的概念

“透视”一词源于拉丁语“perspclre”（看透）。我们在现实生活中看到的景物，由于距离远近不同、方位不同，在视觉中引起不同的反映，这种现象就是透视现象。研究这种现象在平面上用线来表现它的规律，这种科学叫做透视学。

透视图即利用透视投影所绘制的图。假想有一透明平面处于物体与观者中间，观者对物体各点射出视线，与此平面相交之点相连接所形成的图形，称为透视图。视线集中于一点即视点。透视图是在人眼可视范围内的。在透视图上，因投影线不是互相平行集中于视点，所以显示物体的大小并非真实的大小，有近大远小的特点。形状上，由于角度因素，长方形或正方形常绘成不规则四边形，直角绘成锐角或钝角，四边不相等，圆的形状常显示为椭圆。

3.1.2 学习透视图的意义

世界上有三种物品没有国界：食物、音乐以及绘画。无论是什么皮肤，运用什么语言，从这三类入手都能进行交流和沟通。因此，无论是环境设计、平面设计、动画设计、工业设计以及其他相关领域，都可以通过效果图将设计者的构思传达给使用者，这些都是通过画表现图来进行交流的。从设计师或者正在学习设计的同学们的角度出发，画好一张手绘效果图，除了必要的工具辅助外，还需要以透视制图法为骨架，素描、速写、色彩等绘画技巧为躯干。透视图是重要的基础学科，它有助于形成真实的图像，而且它是建立在完美的制图基础之上的。无论是建筑、室内设计或者其他专业的从业者，都必须掌握如何绘制透视图，因为它是一切制图的根本。

透视效果图，是把建筑物的平面、立面或室内的展开图，根据设计图资料，画成一幅尚未成实体的画面。透视图是一种将三维空间的物体形态转换为具有立体感的二维空间画面的绘图技法，它是源于画法几何的透视制图法则和美术绘画基础。

在建筑、室内设计的表现图中，所表现的空间必须准确无误，因为对空间表现的失真会给设计者和用户造成错觉，并使相关部位出现不协调。现在很多绘制效果图的设计者，不一定完全忠实于透视画法的作图过程，大多使用简便的方法。这样不但节约时间而且能提高视觉效果，但这样的功底是需要经过绘画和透视技法的训练后才能达到。它需要对立体造型的建筑物、室内空间以及物体尺度有深度的理解和把握。

透视图和我们所说的纯美术的油画、版画不同，不能用纯粹形态单独完成，也不能将其视为专门技术，而是通过学习透视并运用透视基本原理以及制图法则来表现设计意图，这样才能充分表现设计者的思想。

3.2 透视基础

3.2.1 透视概念（术语）：

1）立点（STANDING POINT）S.P. 也称停点，作图者在该点不动而站立观察物体。

2）视点（EYE POINT）E.P. 作图者眼睛所在的点。

3）视高（VISUAL HIGH）E.L. 视点E.P.到地面的垂直距离。视高一般与视平线持平。

4）视平线（HORIZOUTAL LINE）H.L. 视平面和画面的交线。

5）视距（DISTANCE POINT）D. 视点到画面的垂直距离。

6）心点C.V. 过视点作画面的垂线，该垂线和视平线的交点。

7）画面（PICTURE PLANE） P.P. 假设为一透明平面。

8）基线G.L. 地面和画面的交线。

9）基面（GROUND PLANE） G.P. 建筑物所在的地平面为水平面。

10）中心线C.L. 在画面上过视心所作视平线的垂线。

11）灭点V.P.也称之为消失点，是作图者一直延伸到视平线上，通过物体的所有视线的交叉点。

12）量点（MEASURING POINT） M. 是视点到灭点的距离投影在视平线上的测量点，一般用来计算透视图中物体的长、宽、高。

13）视线（LINE OF SIGHT）视点与物体任何部位的假想连线。

14）视角（VISUAL ANGLE）视点与任意两条视线之间的夹角（见图3-1）。

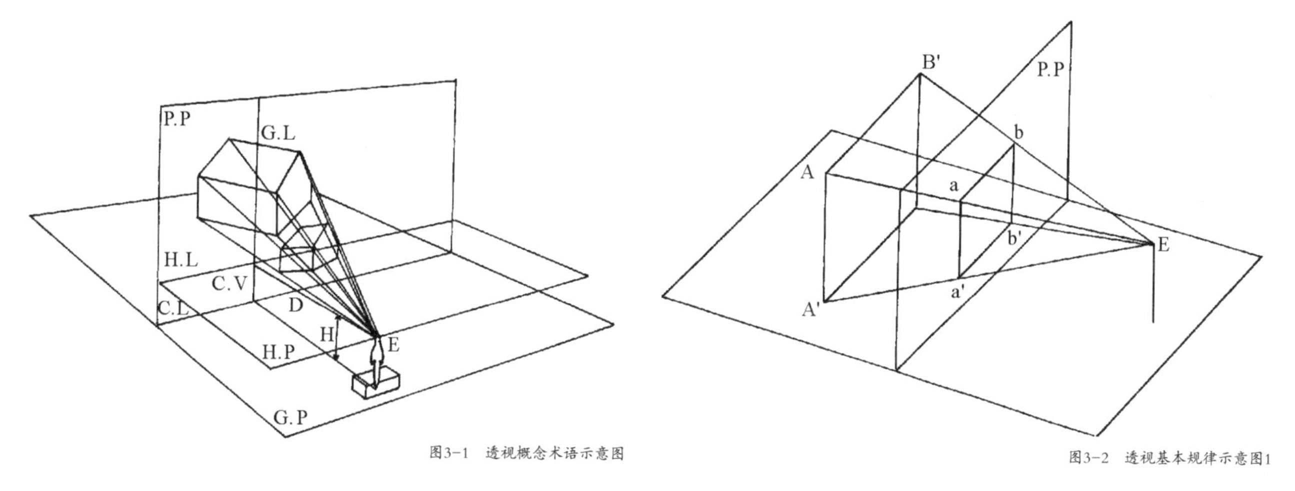

图3-1 透视概念术语示意图

图3-2 透视基本规律示意图1

3.2.2 透视的基本规律

1）凡是和画面平行的直线，透视亦和原直线平行。凡和画面平行、等距的等长直线，透视也等长。如图：AA' ∥ aa'，BB' ∥ bb'；AA'=BB'，aa'=bb'（图3-2）。

2）凡是在画面上的直线的透视长度等于实长。当画面在直线和视点之间时，等长且相互平行的直线，其透视长度距画面远的低于距画面近的，即近高远低现象。当画面在直线和视点之间时，在同一平面上，等距且相互平行的直线，其透视间距距画面近的宽于距画面远的，即近宽远窄现象。

如图：AA'的透视等于实长；cc' < bb' < AA'；cc'和 bb'的间距小于 bb'和AA'的间距（图3-3）。

3）和画面不平行的直线透视延长后消失于一点。这一点是从视点作与该直线平行的视线和画面的交点——消失点。和画面不平行的相互平行直线透视消失到同一点。

如图：AB和A'B'延长后夹角 $\theta_3 < \theta_2 < \theta_1$，两直线透视消失于V点，AB ∥ A'B'（图3-4）。

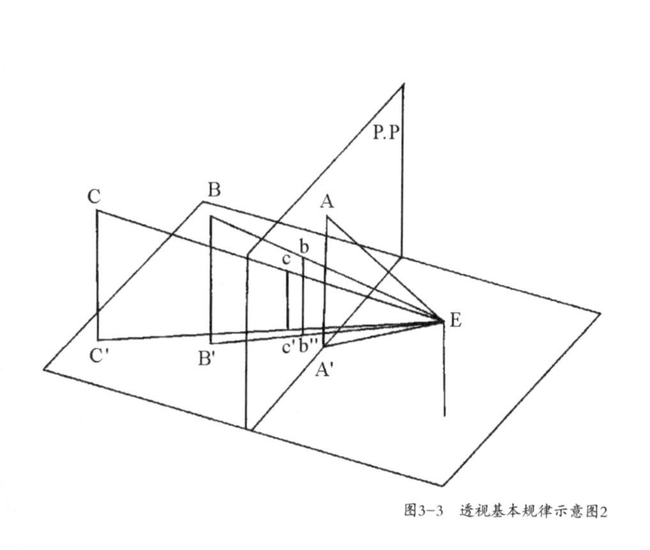

图3-3 透视基本规律示意图2

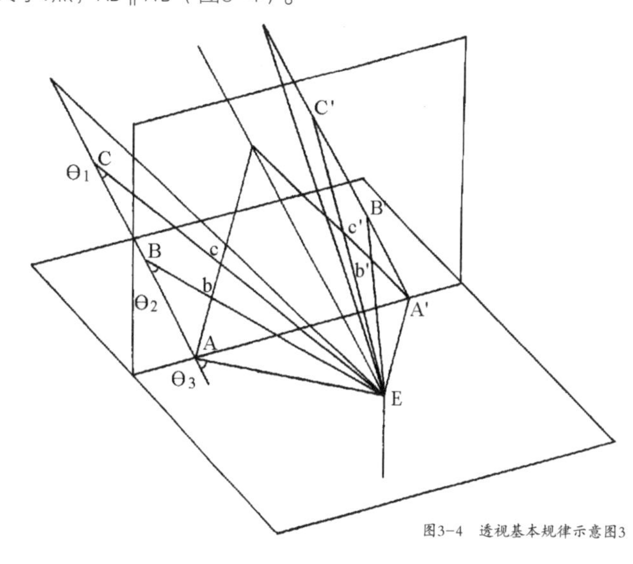

图3-4 透视基本规律示意图3

3.2.3 透视的角度

人类的眼睛无法像照相机一样对焦，所以并非以一个或两个消失点看东西，有时没有消失点，有时借用很多消失点看东西。这和照相机的光镜一样，使用焦点调整法时会使前面东西模糊不清，应该看到的东西却变成盲点。绘画和电影则是进行调整，把视觉上的特征有效地表现出来。透视图也应如此作适当的调整，否则就会出现失真现象。

如图：用两个消失点V1、V2的距离作为直径画圆形。越近于圆中心的，越看得自然，越远的越不自然，离开圆形，位于外侧的，使人看不出它是正方形和正六面体。平行透视法尽量限定对象物并设定其相近V，有角透视法，要把对象纳入V_1、V_2的内侧来画，若要脱离这种规则，需要做若干调整（图3-5）。

1）视角

在画透视图时，人的视野可假设为以视点E为顶点圆锥体，它和画面垂直相交，其交线是以C.V.为圆心的圆。圆锥顶角的水平角、垂直角均为60°，在这个视野范围内作的图不会失真（图3-6）。

2）视距

视距是指视点到画面的垂直距离。当建筑物与画面的位置不变，视高已定，在室内一点透视图中，当视距近时，画面小；当视距远时，画面大。

在立方体的成角透视中，当视距近时，消失点Vx、Vy距离较小；当视距远时，Vx'、Vy'距离大。即视距越近，立方体的两垂直面缩短越多，透视角度越陡。

建筑物与视点的位置不变，视高已定，若视距近（En和P'.P'的距离），则两消失点的间距小，透视图形小；若视距远（En和P'.P'的距离），则两消失点的间距大，透视图形大，两图形相似（图3-7、图3-8）。

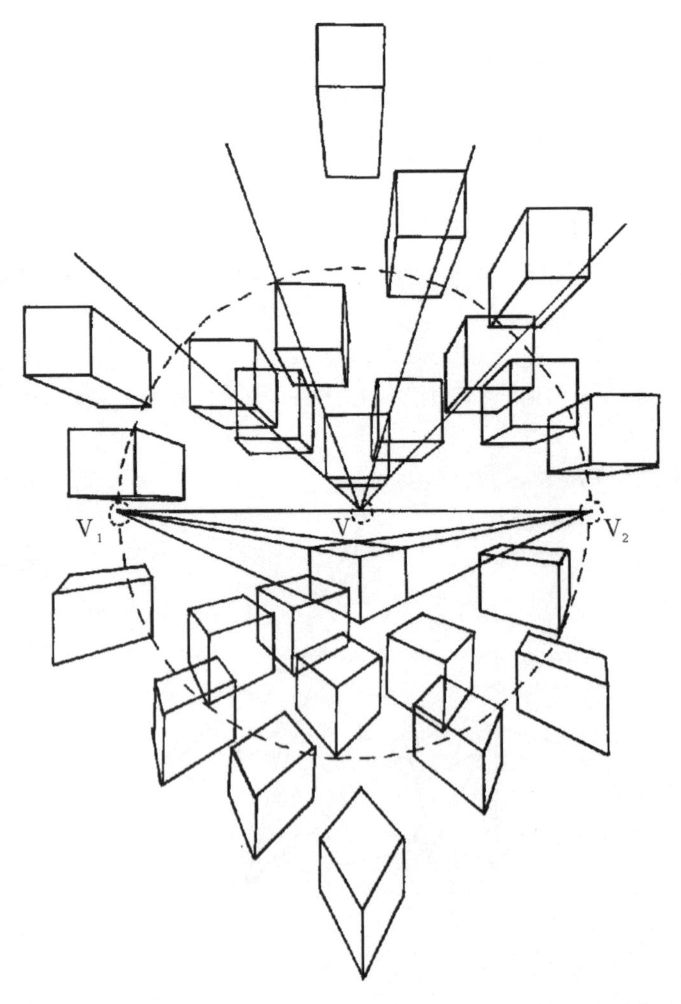

图3-5　透视角度示意图

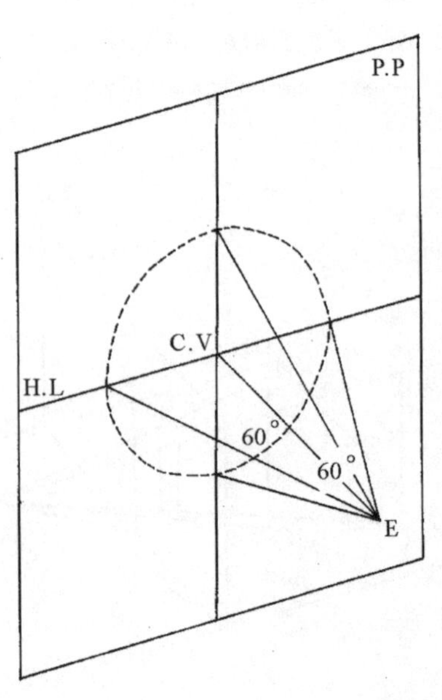

图3-6　透视视角示意图

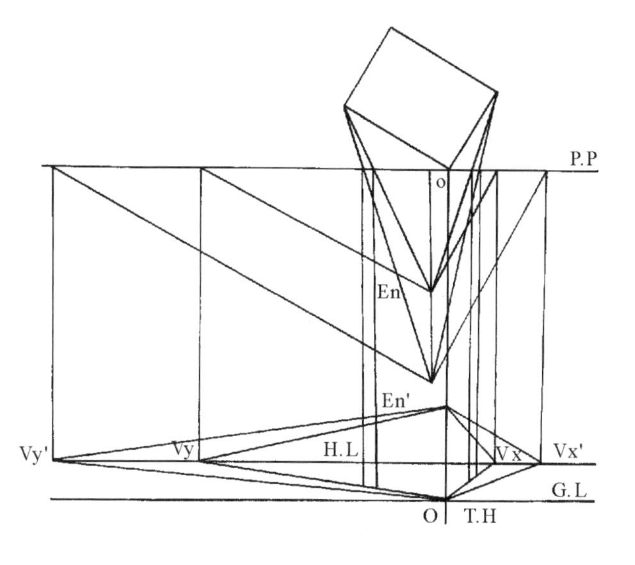

图3-7 透视视距示意图1

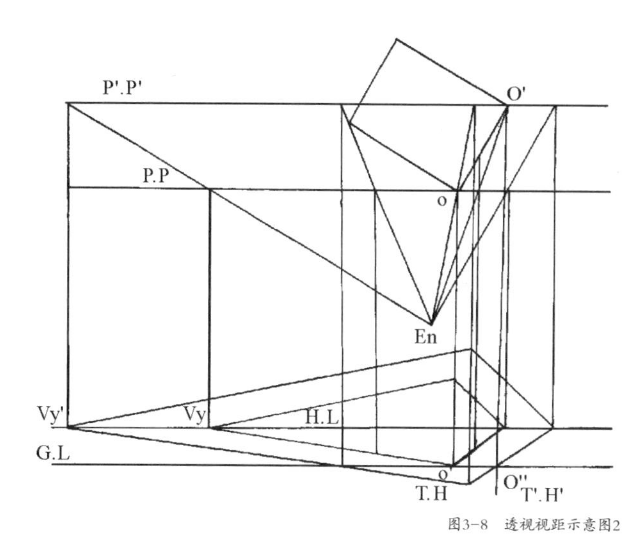

图3-8 透视视距示意图2

3）视高

依据人的平均身高，通常会把视高确定在1.5m到1.7m之间，这样绘制的效果图会和正常视觉感受相似。但为了能使画面产生一些特殊效果，可适当增加或减少高度数值从而改变视高。在建筑物、画面、视距不变时，视点的高低变化使透视图形产生仰视图、平视图、俯视图（鸟瞰图）。视高的选择直接影响到透视图的表现形式与效果。如图：上为仰视图，中为平视图，下为俯视图（鸟瞰图）（图3-9）。

4）透视图形角度

当画面与视点的位置不变，随着立方体绕着它和画面相交的一垂边进行旋转，旋转中不同角度变化可绘制各种侧重点不同的透视图形。

如图：1和5为立方体的垂面和画面平行，透视只有一个消失点，在画面上的面的透视为实形。2、3和4为立方体的垂面和画面倾斜，透视图有两个消失点。若垂面和画面交角较小时，则透视角度平缓，交角较大时，则透视角度较陡（图3-10）。

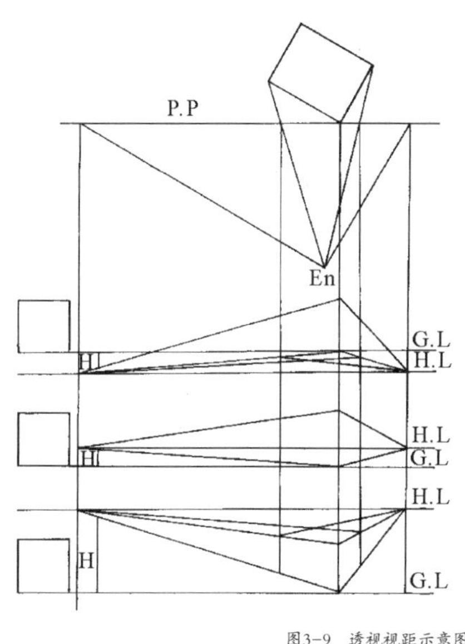

图3-9 透视视距示意图3

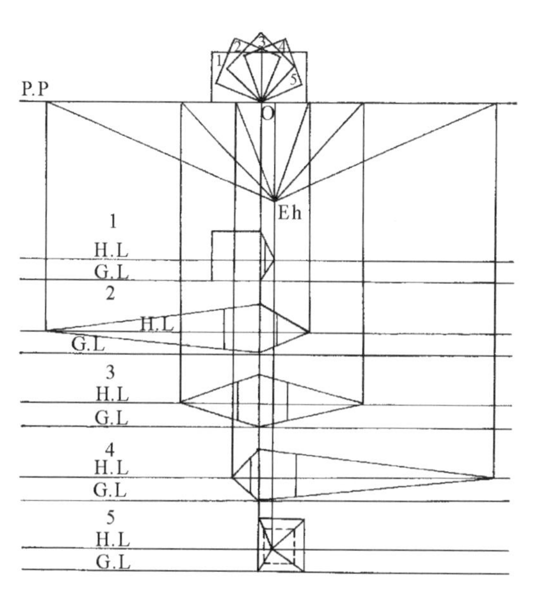

图3-10 透视视高示意图

3.3 透视作图初步

3.3.1 对角线等分法

要找出矩形的中心点，只要画出矩形的两条对角线，其交点就是它的中心点。这一原理同样也可运用于矩形的透视中（3-11）。

在透视绘画过程中经常会遇到各种方形物体等距离排列或并列的情况，我们会用到对角线等分法。比如书柜、衣柜的多个相同的门体部分就可运用几何上对角线的原理和方法，对这些物体进行等距离分割（图3-12）。

1）利用对角线二等分的画法（图3-13）。

2）利用对角线三等分的画法（图3-14、图3-15）。

3）利用对角线多等分的画法（图3-16）。

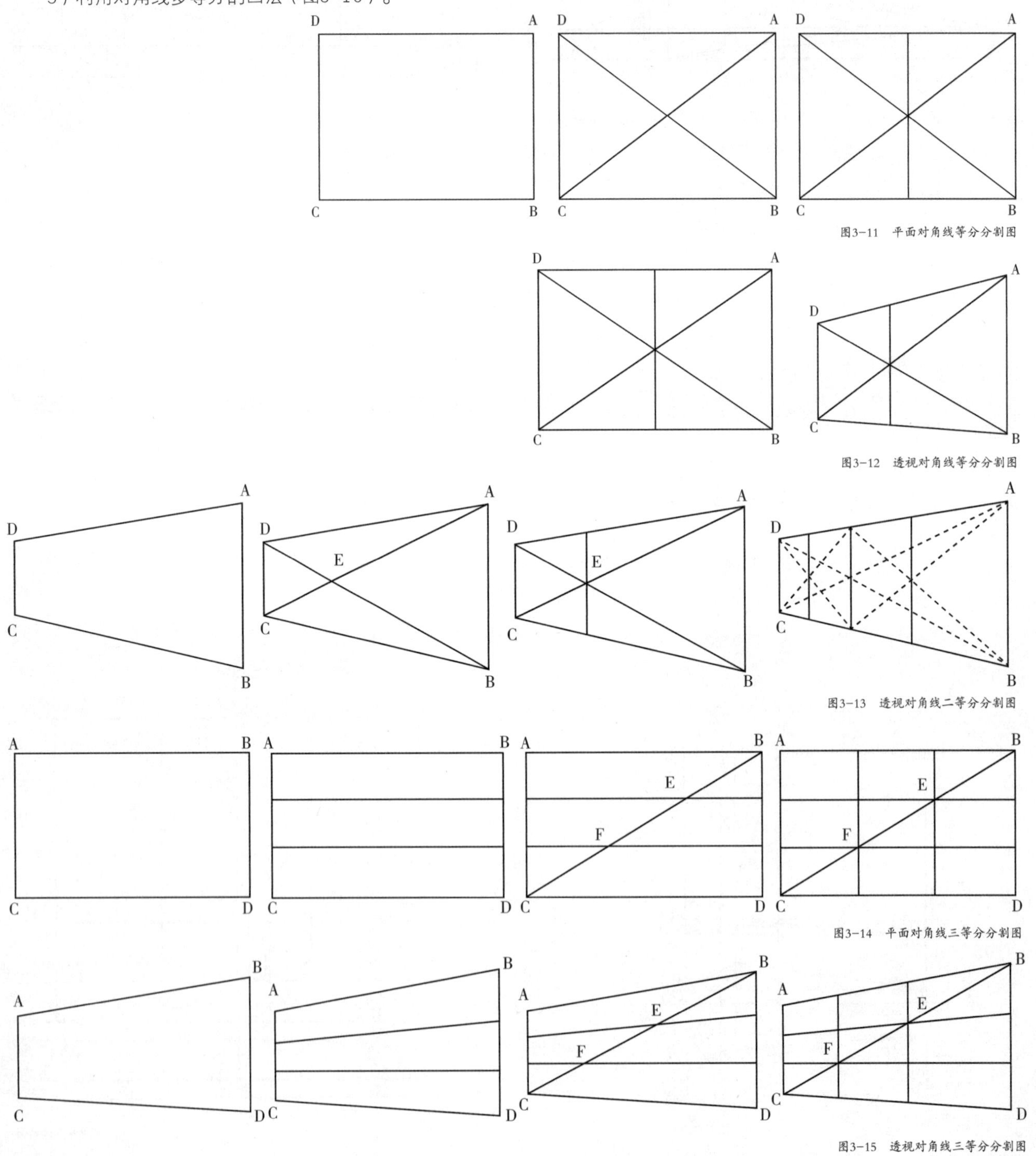

图3-11　平面对角线等分分割图

图3-12　透视对角线等分分割图

图3-13　透视对角线二等分分割图

图3-14　平面对角线三等分分割图

图3-15　透视对角线三等分分割图

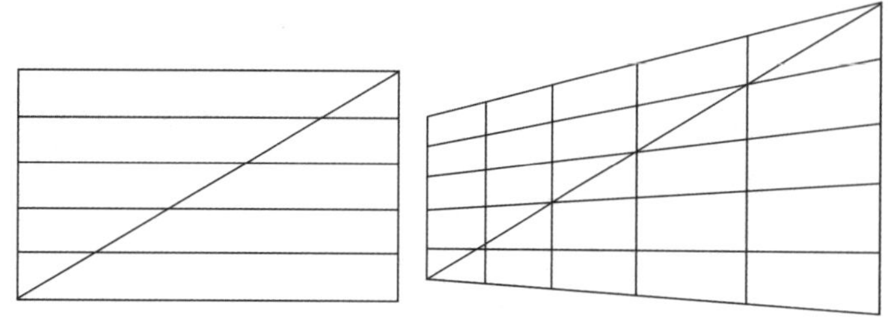

图3-16 透视对角线多等分分割图

3.3.2 圆的透视图

用六点法或十二点法，由正方形引出圆形。圆的透视图，在和画面平行位置时，除去圆的中心在正中，均画成椭圆（图3-17、图3-18）。

圆面透视的基本规律：

1）透视图中，圆的透视仍为正圆形，只有近大远小的透视变化。

2）垂直于画面的圆其透视形一般为椭圆。它的形状由于远近的关系，远的半圆小，近的半圆大。画透视圆形时，弧线要均匀自然，尤其是两端。

3）垂直于画面的水平圆位于视平线上下时，距离视平线越过越宽。

4）同一个圆心的大小不同的圆，叫做同心圆。同心大小两个圆周之间的距离宽窄的透视特征是：两端宽，远端窄，近端宽度居中。

5）分后的圆周两端密、中间疏。由此等分的圆柱曲面中间宽、两边窄。

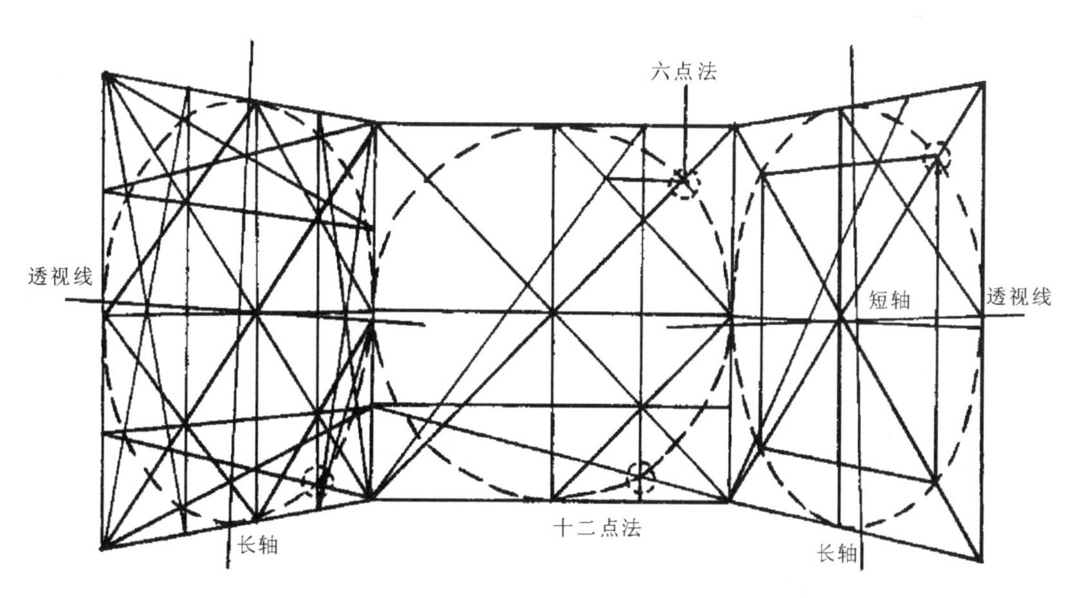

图3-17 圆六点、十二点作图法示意图

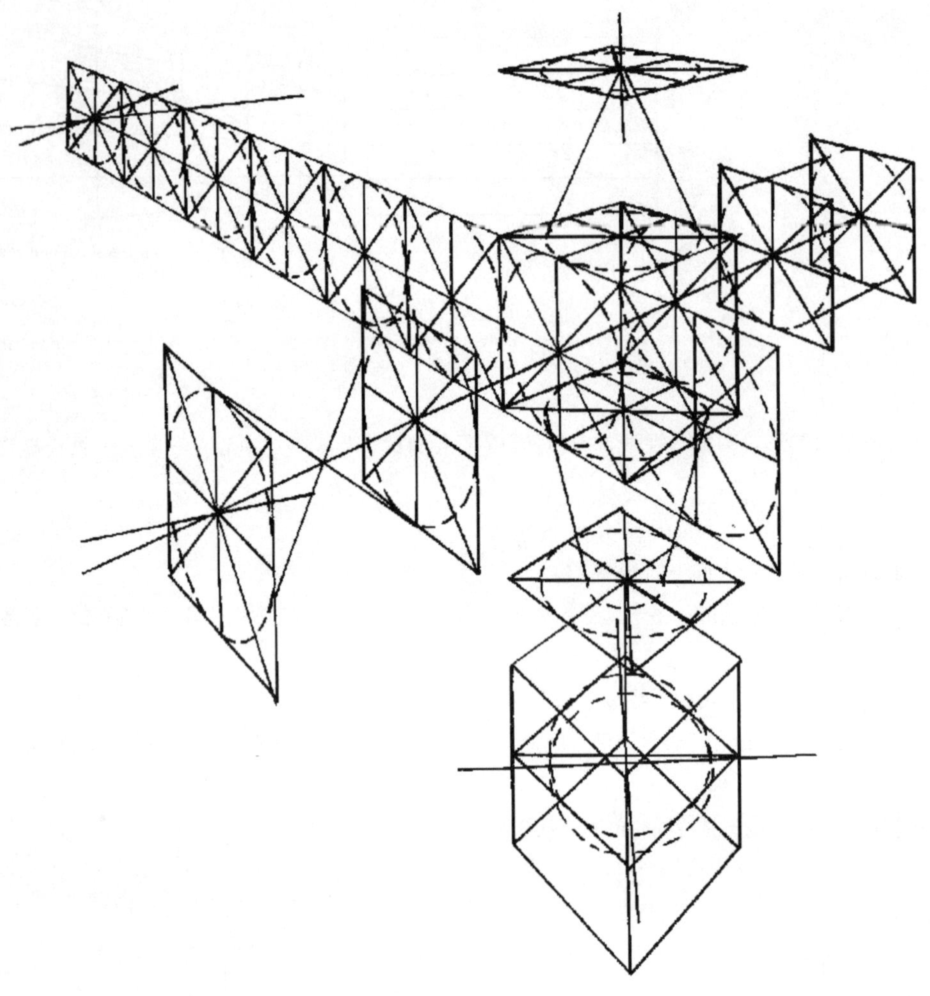

图3-18　圆透视示意图

3.4　室内空间透视图的画法

3.4.1　一点透视

一点透视又叫平行透视，这是一种简易的内平行透视画法。当水平位置的直角六面体有一个面与画面平行，其消失点只有一个（即主点）的画面叫一点透视。

1）一点透视的特点：

（1）平行画面的平面保持原来的形状，平行画面的轮廓线方向不变，没有灭点。水平的保持水平，直立的仍然直立。

（2）与画面不平行的轮廓线垂直于画面，是变线，这些变线集中消失于一点即主点。

2）一点透视的透视规律：

（1）平行透视只有一个灭点。

（2）平行直角六面体在一般情况下能看到三个面，在特殊情况下，只能看到两个面或一个面。

（3）直角六面体的位置高低不同时，离视平线愈远的，水平面的透视愈宽，反之愈窄，与视平线同高的面呈一直线。

一点透视绘图方法一：

此类图法为水平透视量点法的“从内向外推”的做法。之所以称为量点法，就需要用到M这个测量点。在一点透视中，M点位置可以任意确定，位于心点左边或者右边。值得提醒的是，M点离心点的远近对画面效果起着非常重要的作用。

把一点透视的量点法放在首个透视制图里讲解，是因为此方法简便易懂。即使透视能力不强的作图者，也能轻松掌握。

1）按长宽比例确定空间的内框ABCD并记上尺寸刻度，确定视平线及心点C.V，作C.VA、C.VB、C.VC、C.VD的连线并向外延伸。过D点作水平线并记上刻度，刻度多少即进深的尺度。在视平线上任意定出测量点M（M点最好定于进深尺度之外，避免图面透视角度过大）（图3-19）。

2）分别过M作点1、2、3、4、5、6的连线并延长交DC.V的延长线得到各交点（图3-20）。

3）C.V、CC.V的延长线交点分别作垂直线与水平线（图3-21）。

4）最后完成效果图（图3-22）。

一点透视绘图方法二：

此作图法为平行透视量点法“从外向内推”的做法。和方法一略有不同，比较适合用于已知室内进深或者有平面图时使用。在此步骤图演示中，角度上有一定改变，不是常规视图角度，运用一点透视方法绘制出俯视全景图的效果也是一种新尝试。

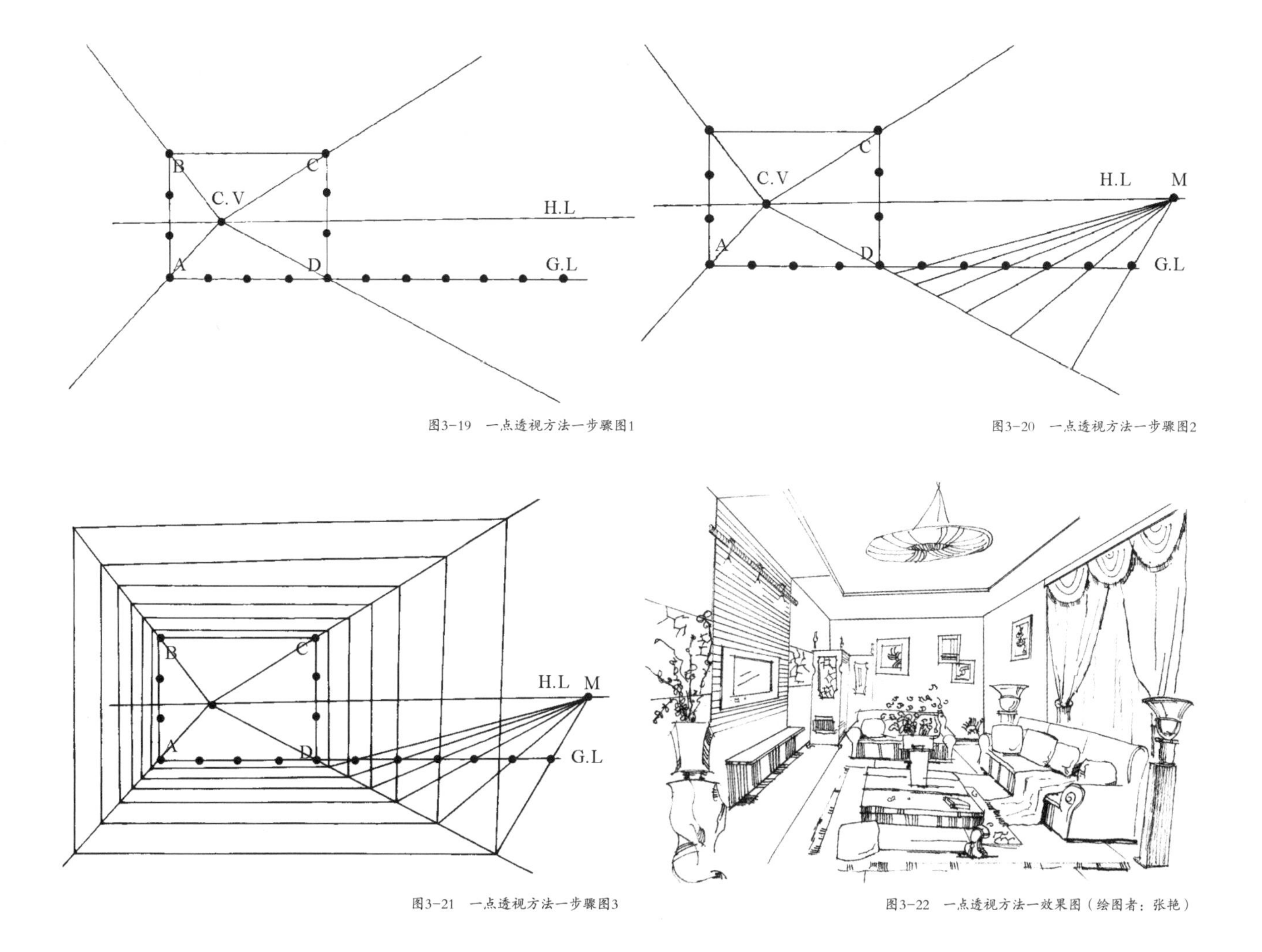

图3-19　一点透视方法一步骤图1

图3-20　一点透视方法一步骤图2

图3-21　一点透视方法一步骤图3

图3-22　一点透视方法一效果图（绘图者：张艳）

1）布置好平面图，这样有助我们理解空间结构以及家具尺寸。平面图长为4.5m，宽为3m（图3-23）。

2）确定外框为4.5m宽，3m高，并标上刻度，每段皆为1m，设定水平线及心点C.V，连接各顶点（图3-24）。

3）在视频线的外框左右两侧任意确定测量点M，依次于1、2、3各点作连接，得到室内进深焦点，分别作各交点垂直线与水平线（图3-25、图3-26）。

4）同理完成各墙面，过C.V作1、2、3，基线上各点的连线，真高线及AB上各点连接，完成空间结构的求作。此时视透图中每一格子皆为1m×1m的透视尺度（图3-27）。

5）用量图法“从外向内推”的做法得到空间结构，根据平面图所示将平面家具在网格中的位置在透视结构图中找到相应地面投影。

6）这里强调一定要注意家具合理尺寸，这是作为环境设计工作者应具备的基本常识。在找到相应家具位置后，作C.V于家具体块的连接，寻求出家具的真实高度（图3-28、图3-29）。

7）室内家具形态基本成型，后期制图在整体把握透视原理的情况下逐步进行补充和调整，完成一点透视（图3-30、图3-31）。

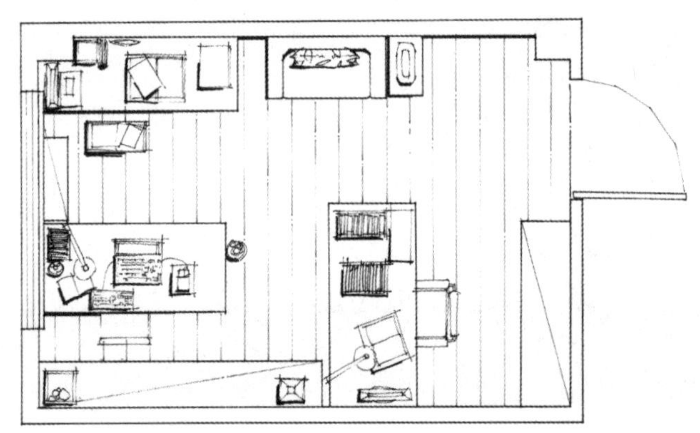

图3-23 一点透视方法二平面图

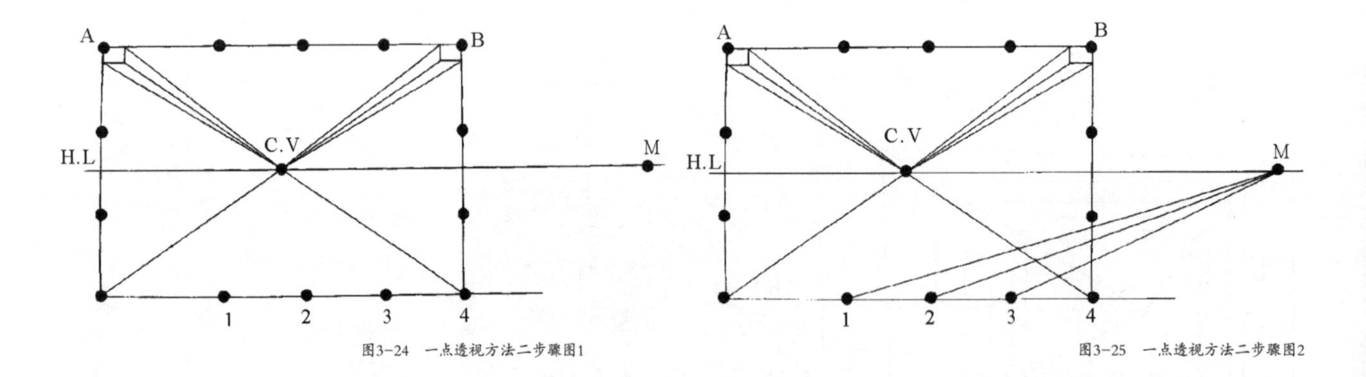

图3-24 一点透视方法二步骤图1

图3-25 一点透视方法二步骤图2

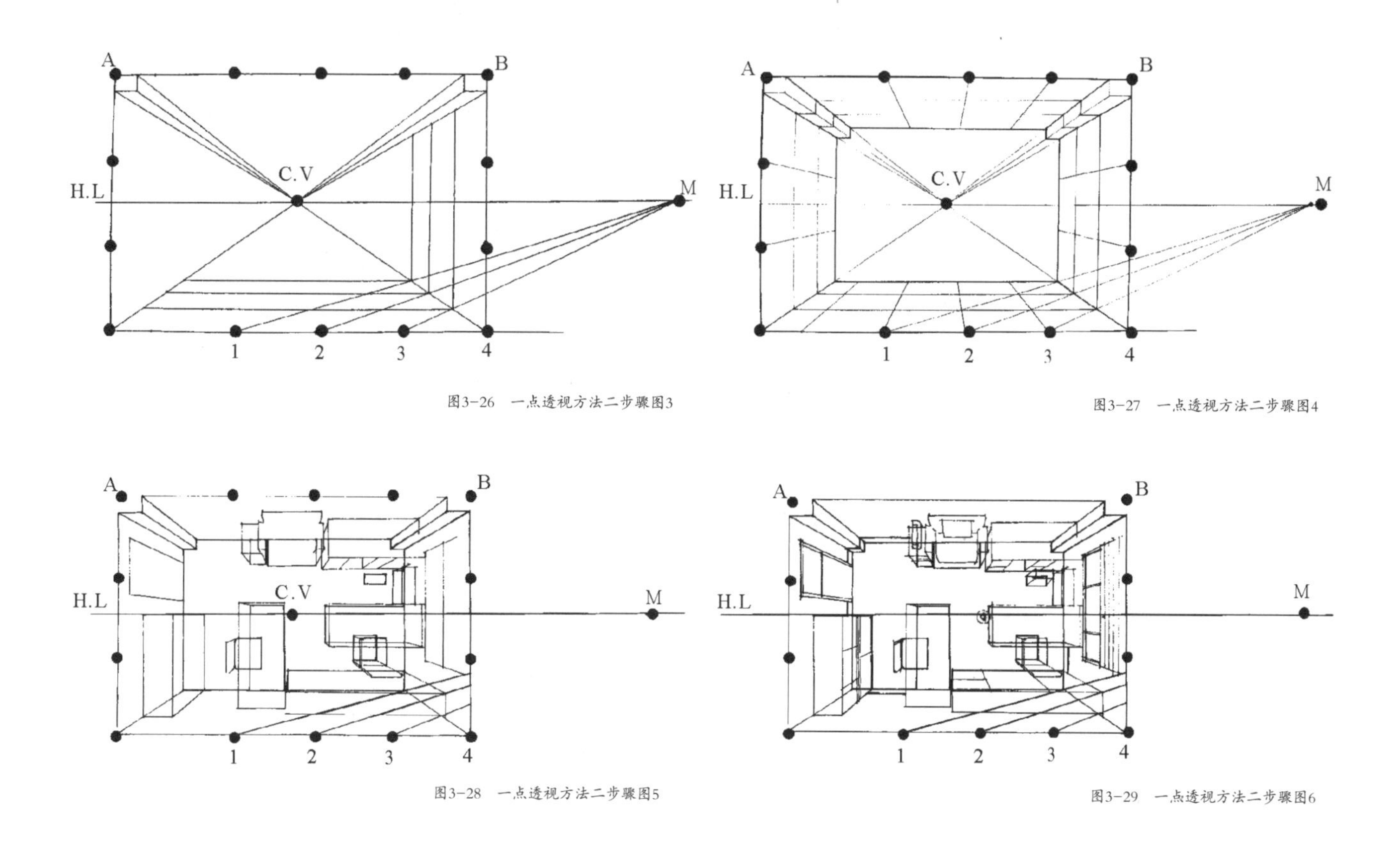

图3-26 一点透视方法二步骤图3

图3-27 一点透视方法二步骤图4

图3-28 一点透视方法二步骤图5

图3-29 一点透视方法二步骤图6

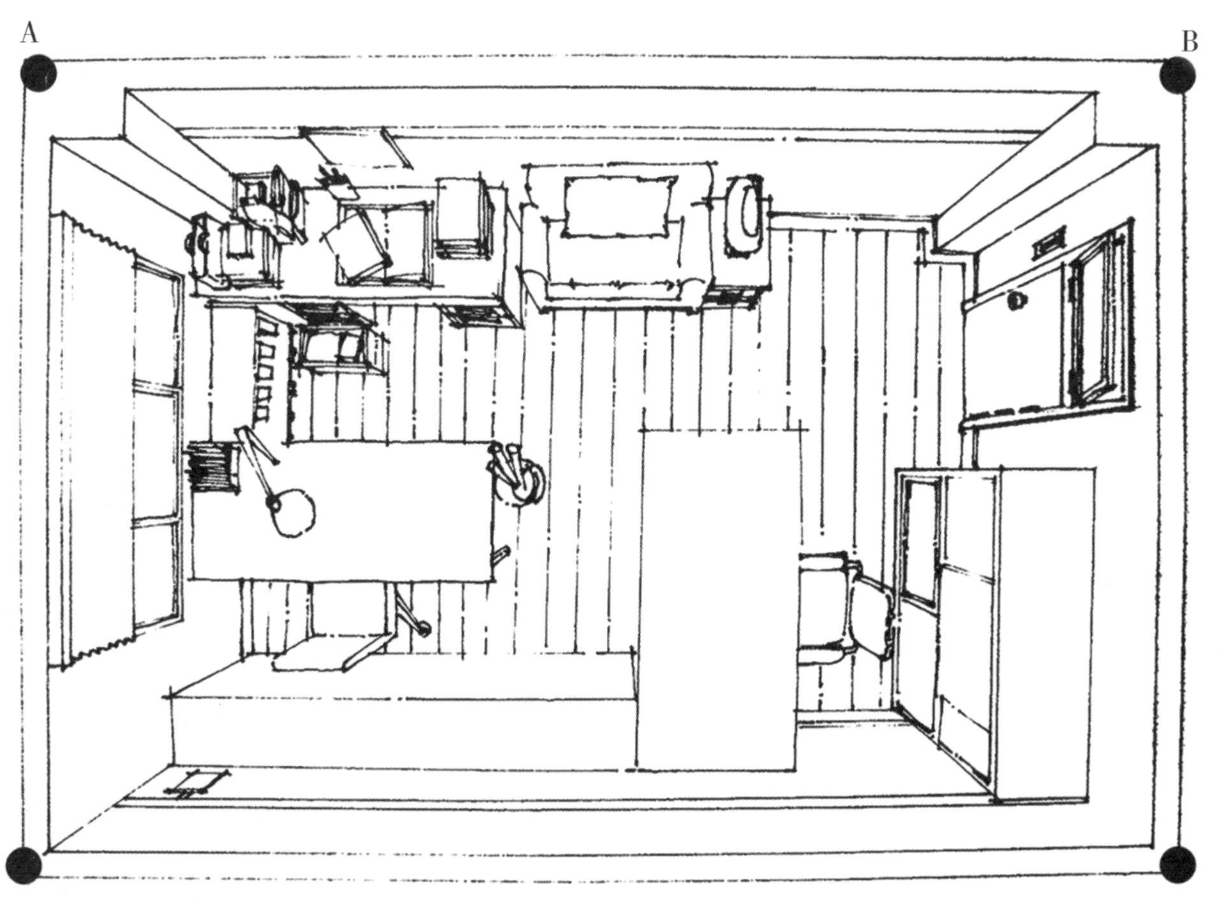

图3-30 一点透视方法二步骤图7

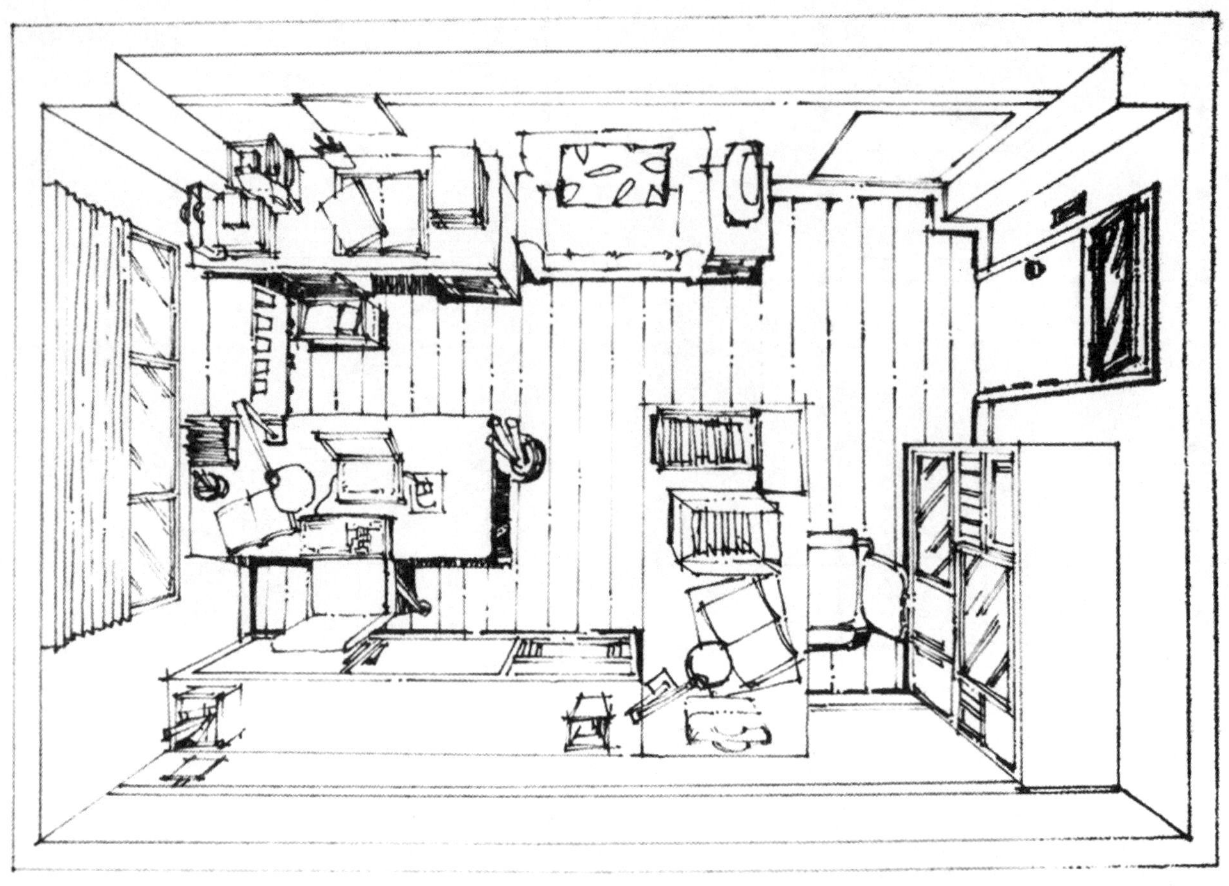

图3-31　一点透视方法二效果图（绘图者：黄定润）

3.4.2　二点透视

二点透视就是景物纵深与视平线成一定角度的透视，景物的纵深因为与视平线不平行而向主点两侧的余点消失。二点透视也叫成角透视，即物体向视平线上某两点消失。二点透视画面较一点透视画面更加生动灵活，在制图原理掌握上比一点透视复杂。

1）二点透视的规律：

（1）立方体棱边呈现两种状态，与基面垂直的垂直边、与画面成水平90度，以外角度的成角边。

（2）两组成角边变线，水平消失方向不一，形成两个灭点。

2）二点透视绘图方法：

二点透视绘图方法一：

（1）绘图前养成良好的作图习惯，首先布置好平面布局，并以1m×1m的地面网格作为辅助线（图3-32）。

（2）为了作图方便定出3m高的墙角线AB线段，过AB作视平线H.L，两个灭点VP1、VP2。

（3）作A、B两点与VP1、VP2的连线并延长，得到天花、地面以及两墙面。运用对角线等分法绘制墙面透视进深（图3-33、图3-34）。

（4）过墙面透视各点与VP1、VP2的连线，并使之延长，整理细节，完成空间结构的透视作图（图3-35）。

（5）运用量点作图法将平面图按比例做好空间的透视构架，并在透视网络格中安置与之相应的家具地面投影（图3-36）。

（6）在家具地面投影上寻求家具高度（图3-37）。

（7）求作家具及立面结构构架（图3-38、图3-39）。

（8）整理细节，完成透视图做法（图3-40、图3-41）。

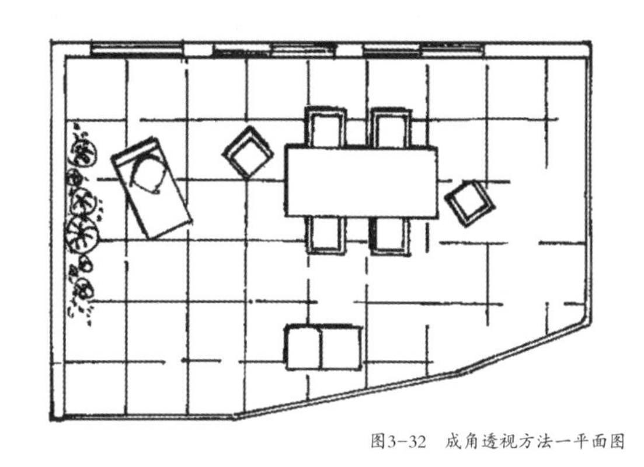

图3-32 成角透视方法一平面图

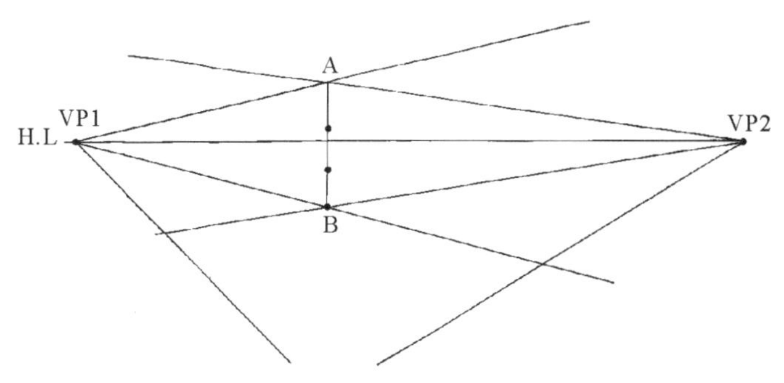

图3-33 成角透视方法一步骤图1

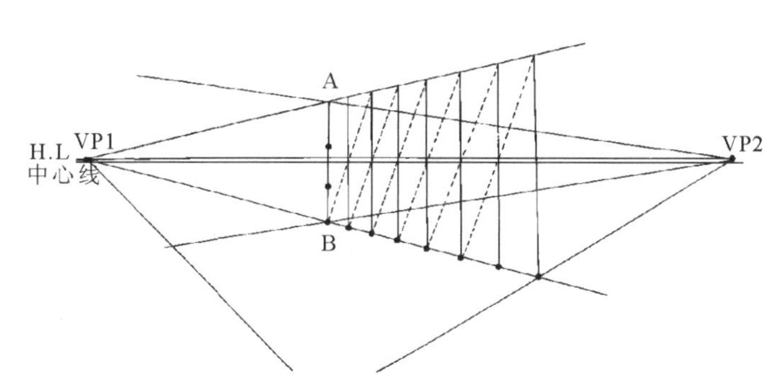

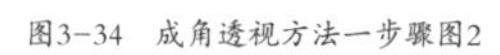

图3-34 成角透视方法一步骤图2

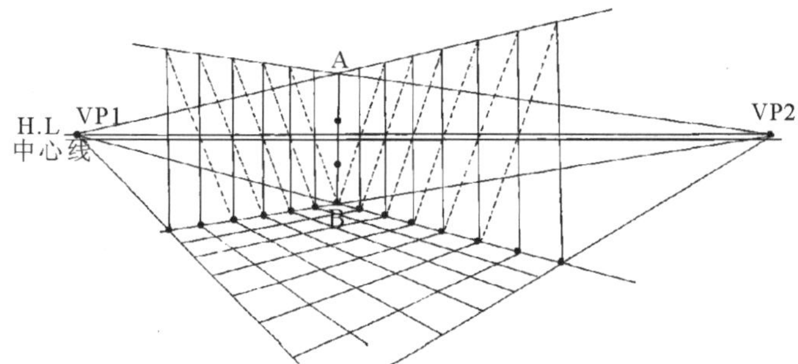

图3-35 成角透视方法一步骤图3

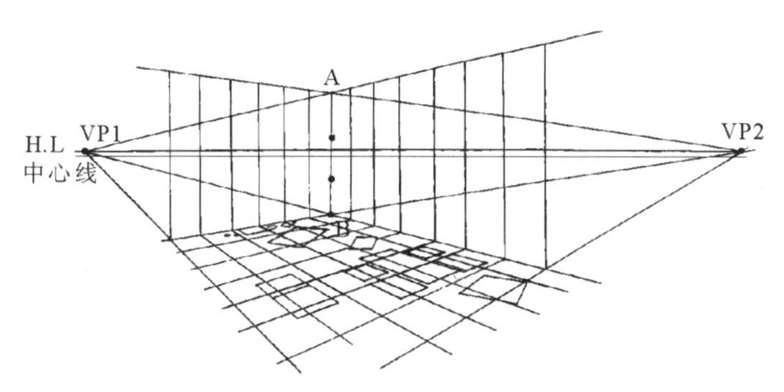

图3-36 成角透视方法一步骤图4

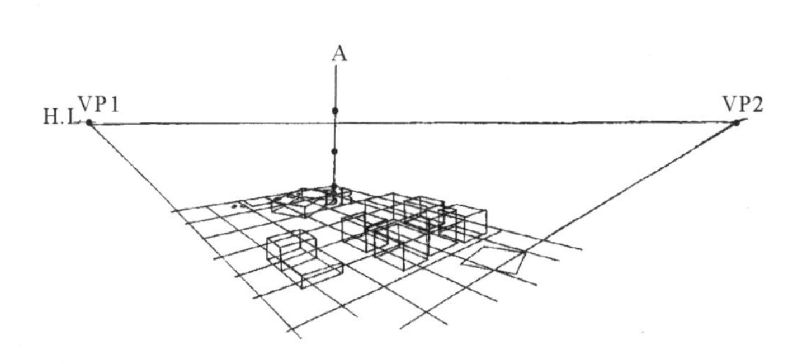

图3-37 成角透视方法一步骤图5

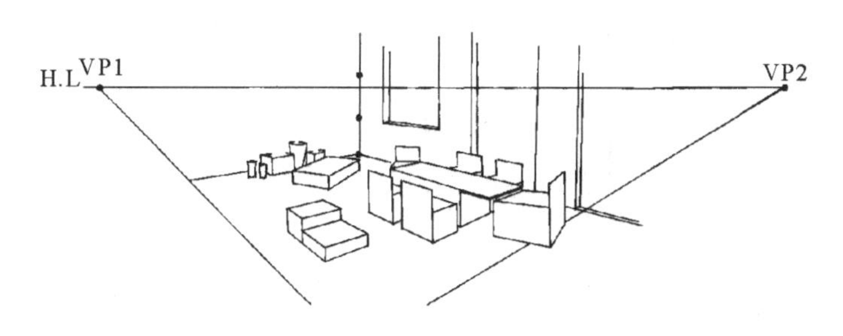

图3-38 成角透视方法一步骤图6

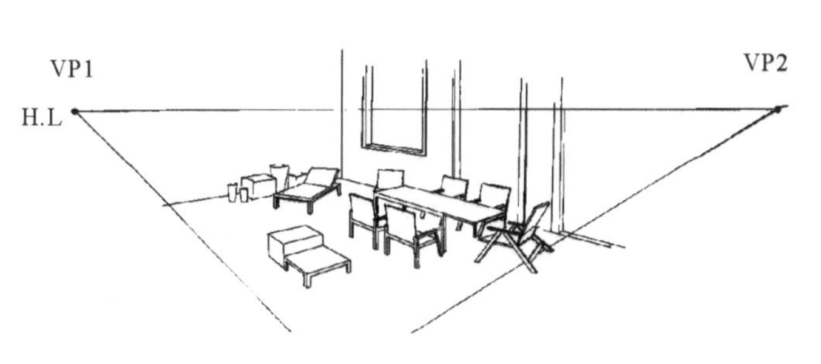

图3-39 成角透视方法一步骤图7

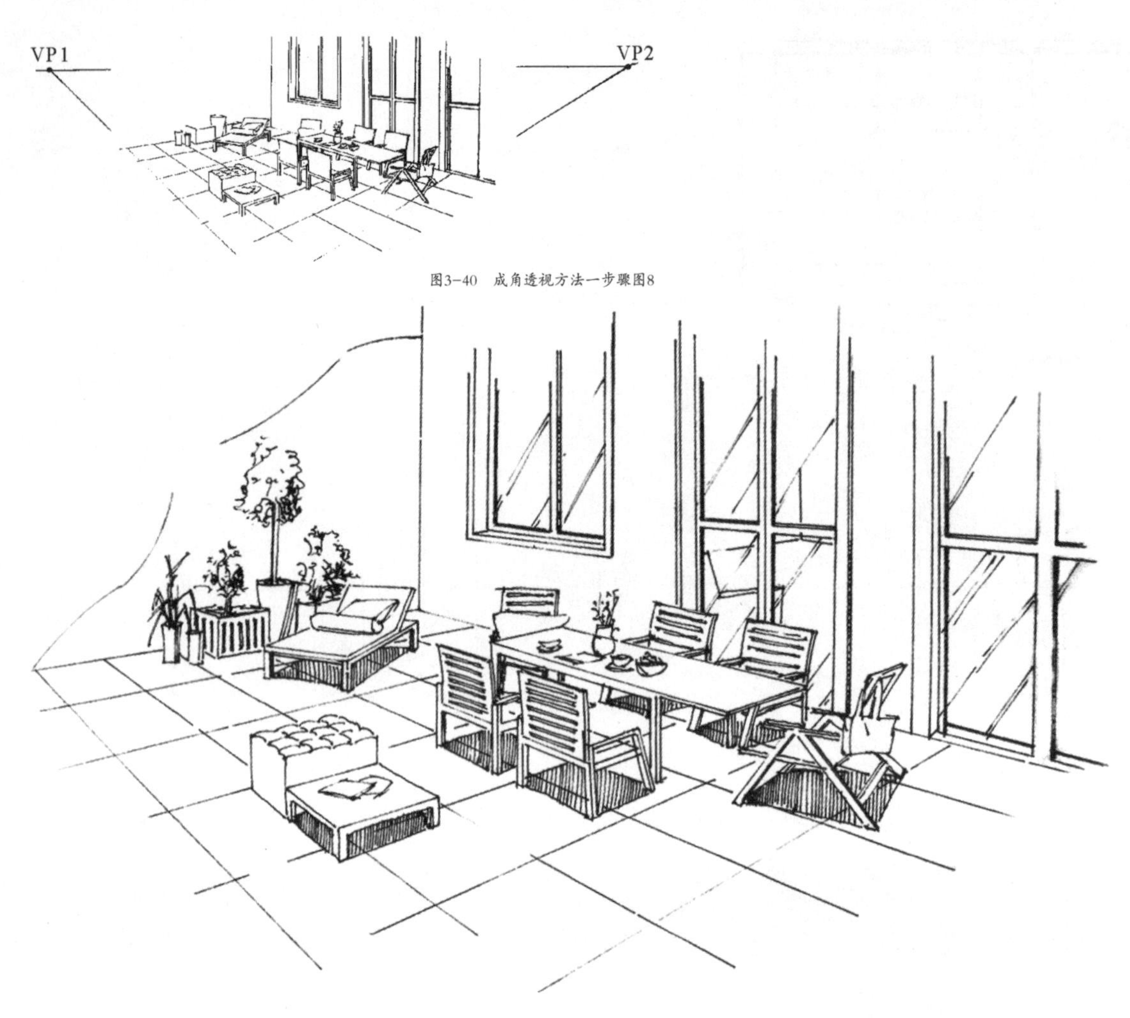

图3-40　成角透视方法一步骤图8

图3-41　成角透视方法一效果图（绘图者：徐开诚）

二点透视绘图方法二：

二点透视中鸟瞰图做法与常规成角透视作图规则基本一致，只是两V.P.灭点从常规的左右两侧改变成为分别位于视心线的上下两端。无论是在一点透视还是二点透视的原始制图方法中，都力求找到新的思维角度，这样可以打破常规制图的呆板，使画面以及绘图风格给人耳目一新的感觉。

同样首先将室内平面布局完成。以1m×1m的地面网格作为辅助线（图3-42）。

绘图手法与方法一类似，只是作方向上的改变（图3-43~图3-50）。

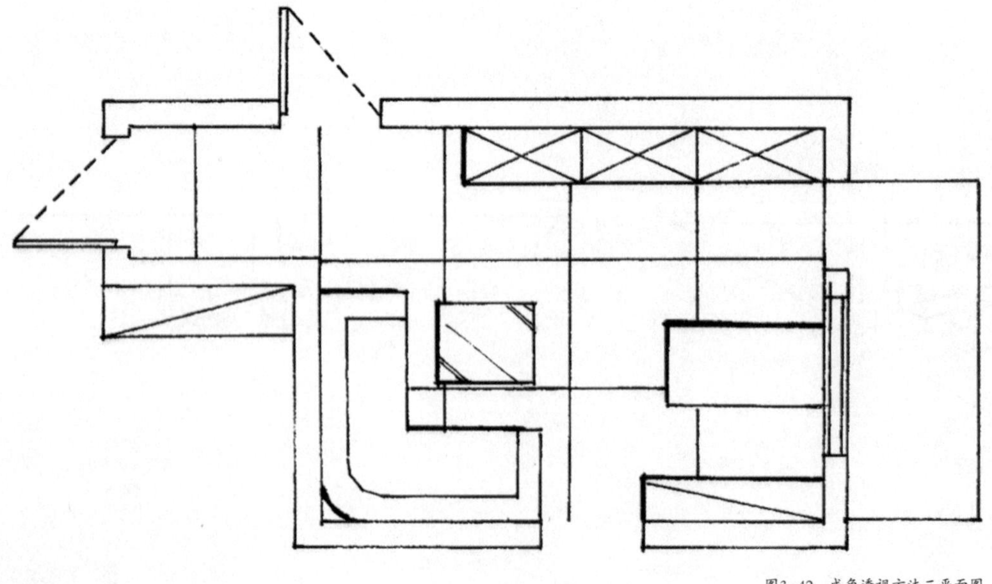

图3-42　成角透视方法二平面图

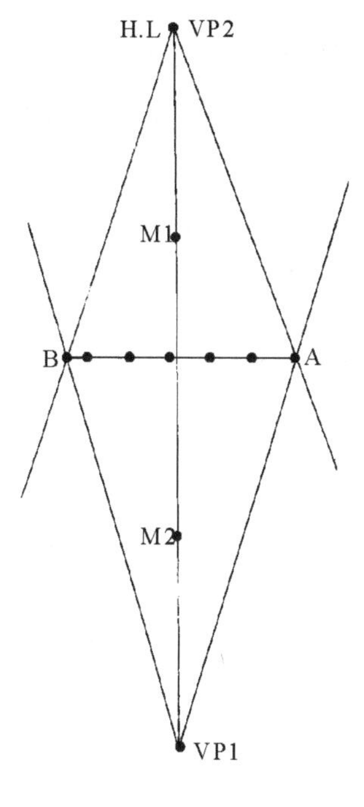

图3-43　成角透视方法二步骤图1

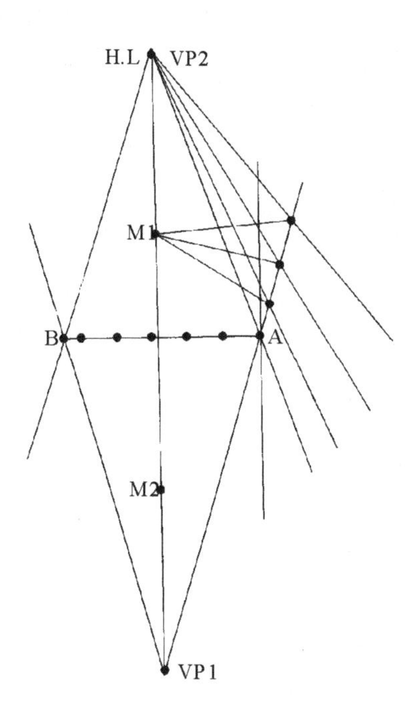

图3-44　成角透视方法二步骤图2

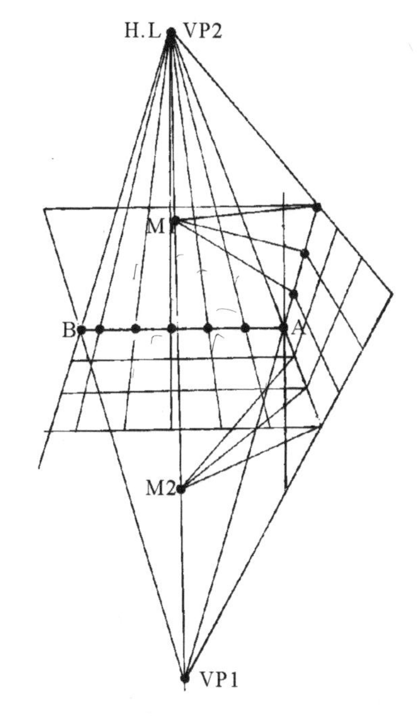

图3-45　成角透视方法二步骤图3

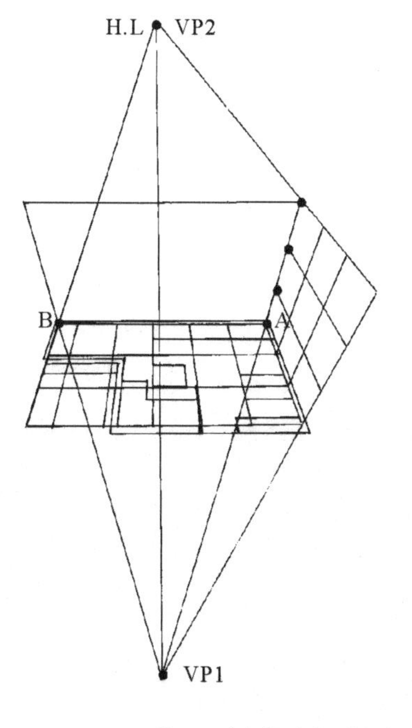

图3-46　成角透视方法二步骤图4

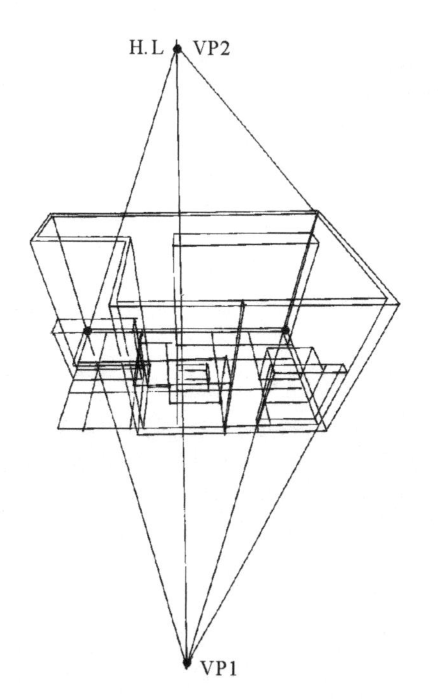

图3-47　成角透视方法二步骤图5

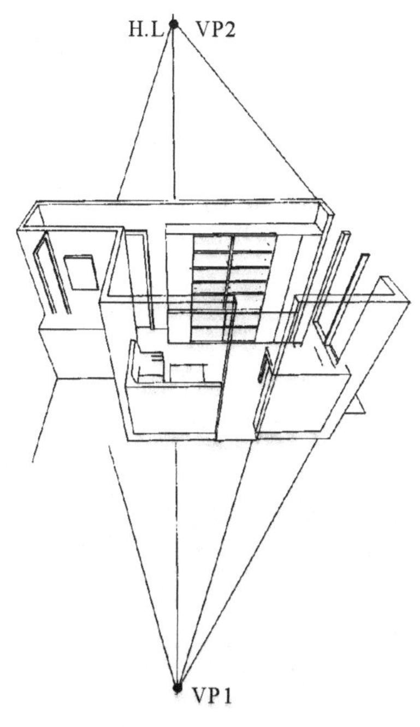

图3-48　成角透视方法二步骤图6

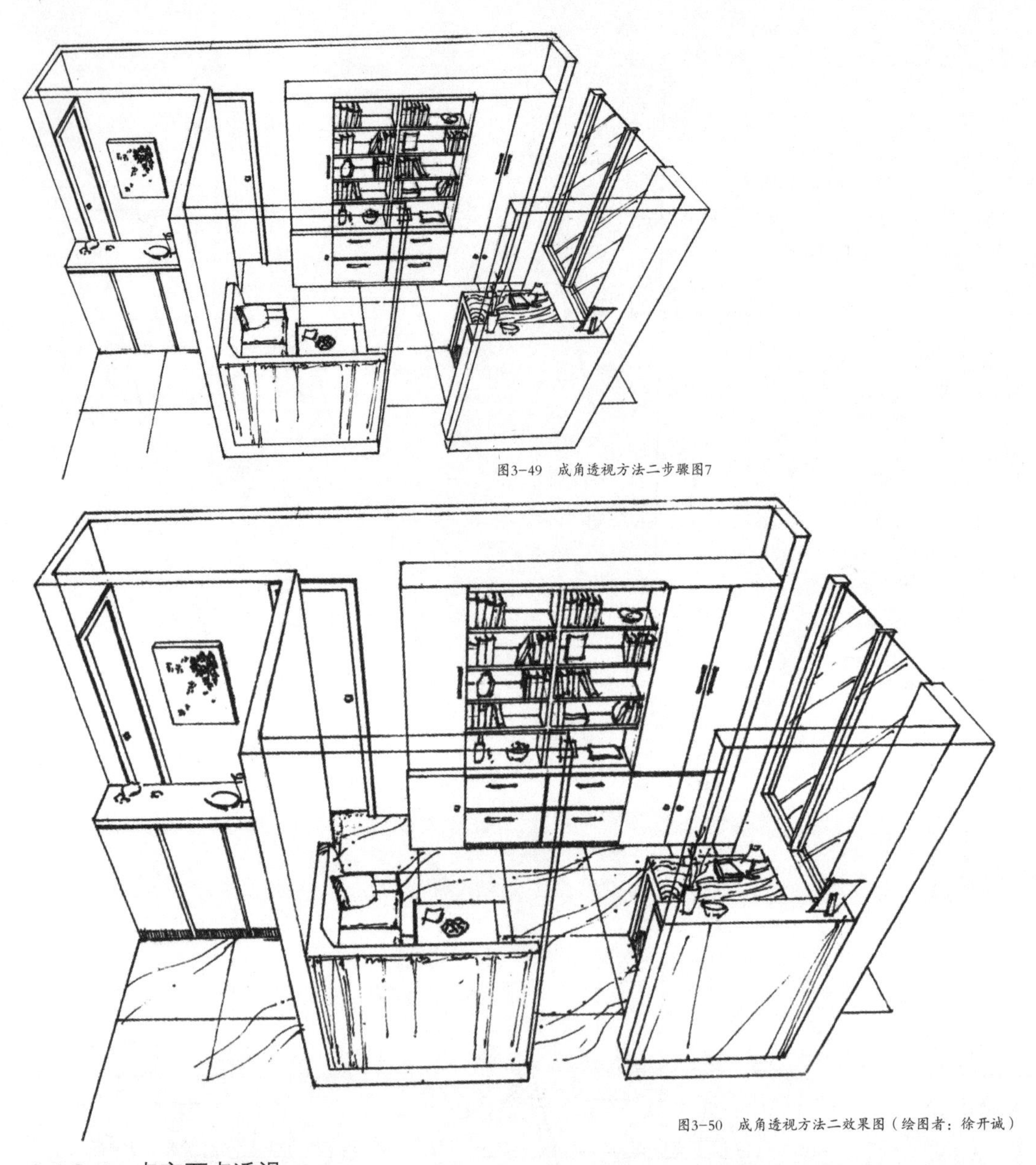

图3-49 成角透视方法二步骤图7

图3-50 成角透视方法二效果图（绘图者：徐开诚）

3.4.3 一点变两点透视

一点变两点透视也称为斜透视。在一点透视的基础上进行一个水平角度的变化得到另外一个消失点。通过视点的平面和画面的交线是该平面的透视消失线。凡相互平行的平面，透视消失同一消失线。和画面平行的平面的透视没有消失线。垂直面的透视消失线为一垂线，是过该垂直面上水平线的透视消失点所作的垂线。平行平面上的物体平行直线的透视消失点在该平行平面的透视消失线上。

1）1m×1m地面网格平面图（图3-51）。

2）确定室内空间宽度、高度，定出视平线H.L、灭点VP1、测量点M，过C点作任意斜线与BVP1相交，交点B1作垂线与AVP1交与A1，并与点D连接，完成透视外框（图3-52）。

3）过测量点M分别作点AD上各等分点的连接，得到室内进深刻度，过各刻度点作墙面垂直线（图3-53）。

4）量取AD线的中点并作VP1的连线交于内墙面左下角点与D连线，得到地面中心。

5）过地面中心点求得VP1A进深刻度并连接对面刻度，得到一点变两点透视图的地面透视进深（图3-54）。

6）作VP1A上刻度的垂直和天花板进深的连接，并将各透视线画出，完成透视图（图3-55）。

7）在透视网络格中安置与之相应的家具地面投影（图3-56）。

8）寻求家具高度及立面结构构架（图3-57）。

9）整理细节，完成透视图做法（图3-58、图3-59）。

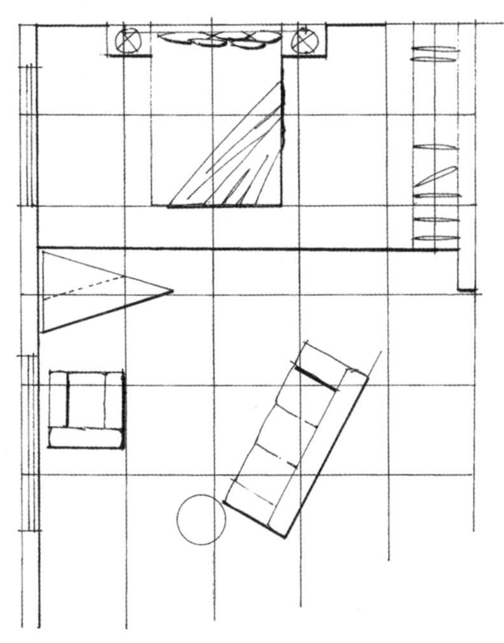

图3-51　一点变两点透视平面图

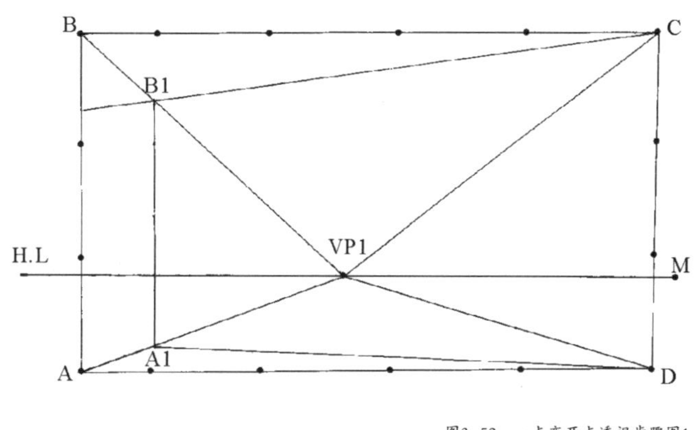

图3-52　一点变两点透视步骤图1

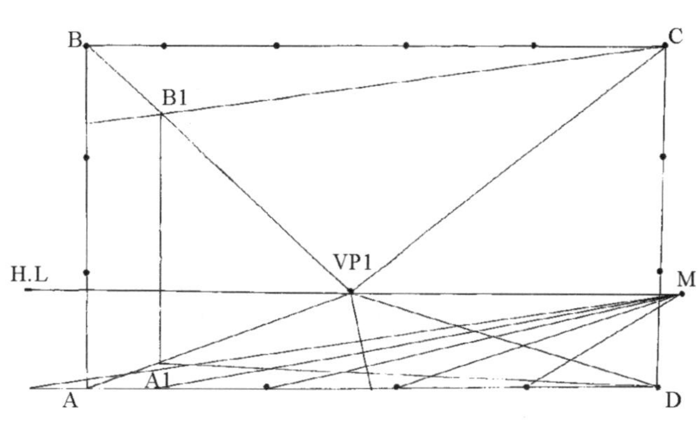

图3-53　一点变两点透视步骤图2

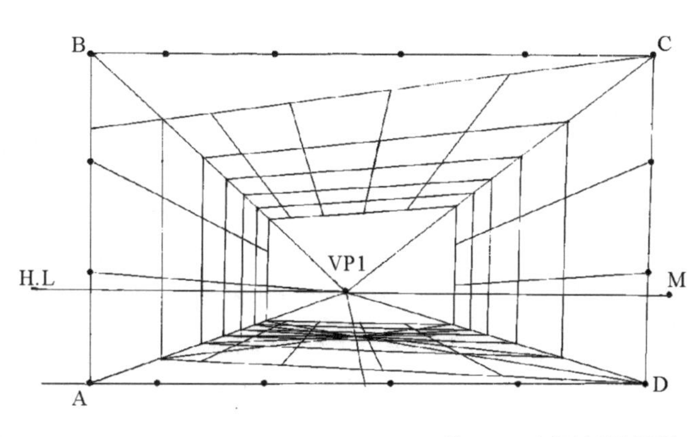

图3-54　一点变两点透视步骤图3

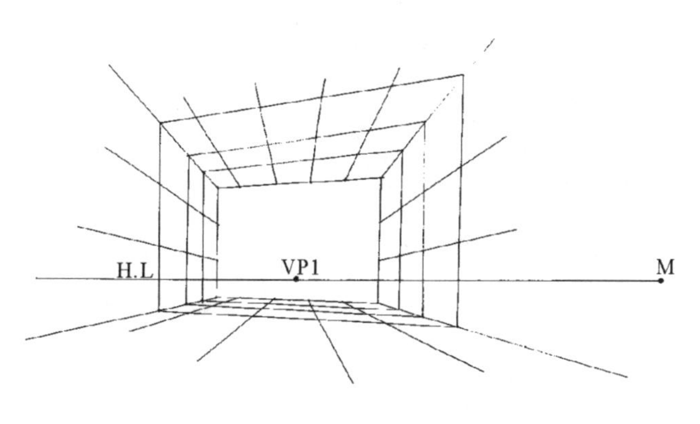

图3-55　一点变两点透视步骤图4

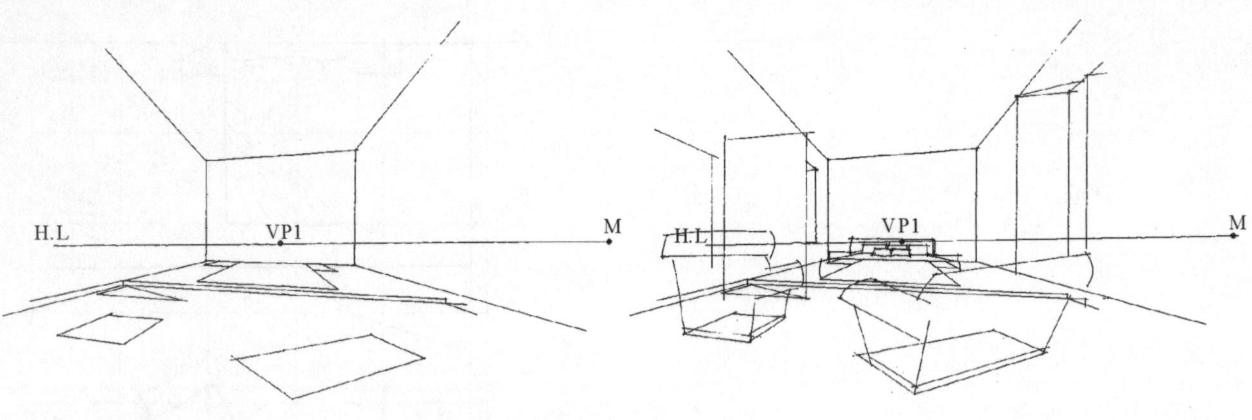

图3-56　一点变两点透视步骤图5

图3-57　一点变两点透视步骤图6

图3-58　一点变两点透视步骤图7

图3-59　一点变两点透视效果图（绘图者：黄定润）

3.4.4 轴测图

轴测图多用于建筑、景观室外整体大场景的表现，室内部分的运用一般是用来展示设计和居住空间户型分析方面。轴测图基本原理是用平行投影法将物体连同该物体的直角坐标系一起，沿不平行于任一坐标平面的方向投射到一个投影面上所得到的图形。

轴测投影属于单面平行投影，它能同时反映立体正面、侧面和水平面的形状，因而立体感较强，加上轴测图制图方法比较简单，大型建筑群及景观鸟瞰图等经常用此制作（图3-60）。

轴测图根据投射线方向和轴测投影面的位置不同可分为两大类（图3-61）：

正轴测图：投射线方向垂直于轴测投影面。

斜轴测图：投射线方向倾斜于轴测投影面。

根据不同的轴向伸缩系数，每类又可分为三种：

1）正轴测图

正等轴测图（简称正等测）

正二轴测图（简称正二测）

正三轴测图（简称正三测）

2）斜轴测图

斜等轴测图（简称斜等测）

斜二轴测图（简称斜二测）

斜三轴测图（简称斜三测）

轴测图基本特性为：相互平行的两直线，其投影仍保持平行；空间平行于某坐标轴的线段，其投影长度等于该坐标轴的轴向伸缩系数与线段长度的乘积。

轴测绘图方法：

1）以室内居住空间为例，将平面图形以任意角度旋转（旋转角度不宜过大，不超过45度）（图3-62）。

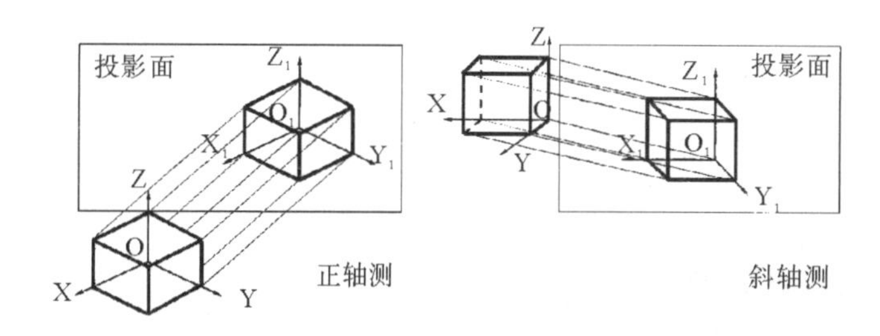

图3-61 正轴测、斜轴测示意图

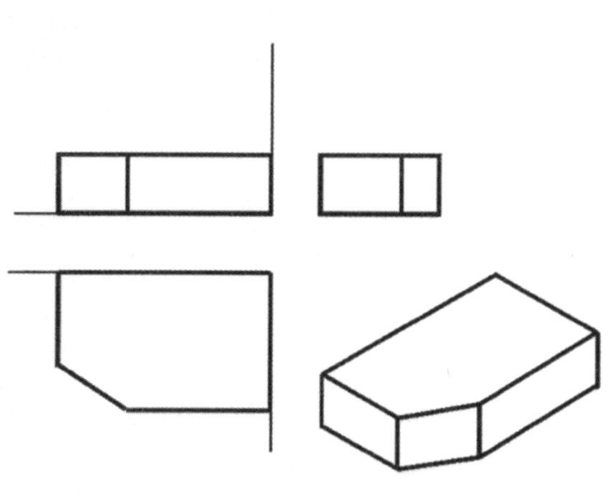

图3-60 三视图

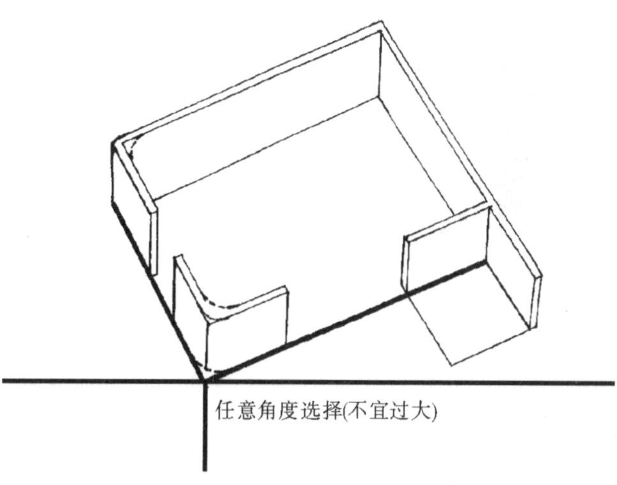

图3-62 轴测绘图步骤图1

2）将平面旋转后，在平面中安置相应的家具地面投影。在地面投影的基础上找到家具高度（图3-63、图3-64）。

3）刻画细部，添加装饰物（图3-65、图3-66）。

思考与练习：

1．根据书中图例，选择两种透视方法进行临摹。

2．将书中图例角度进行变化，利用透视原理完成两种透视方法的绘图。

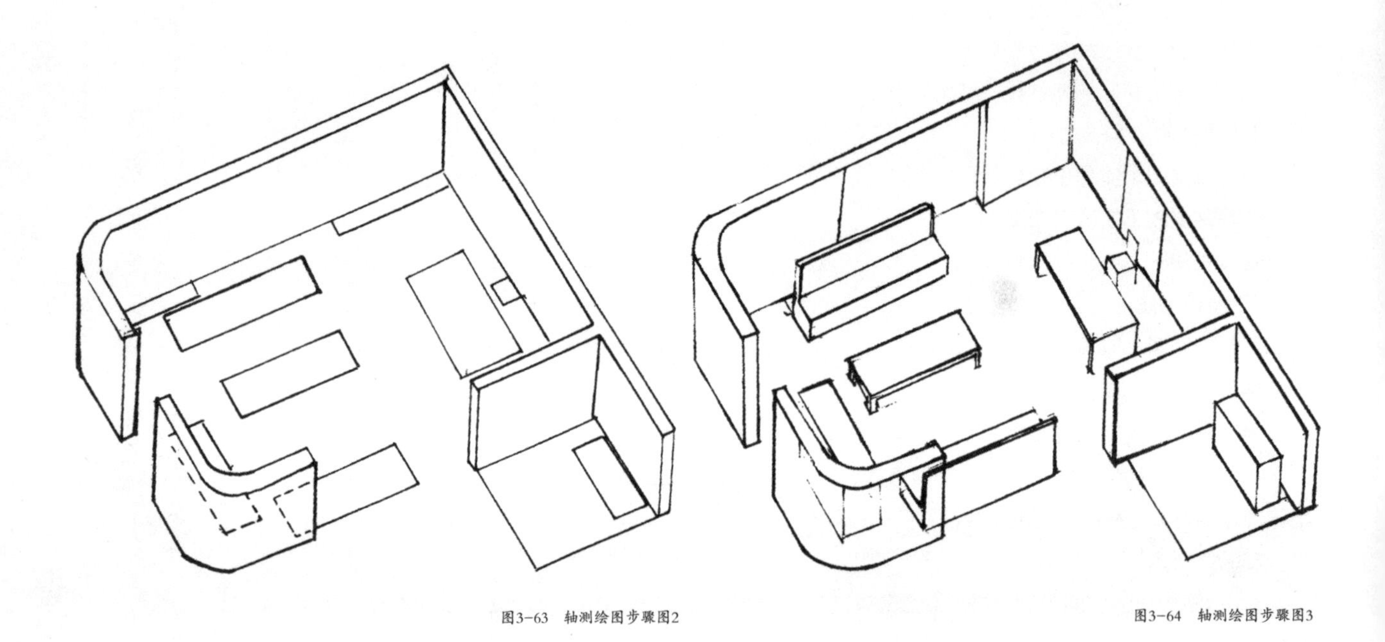

图3-63　轴测绘图步骤图2

图3-64　轴测绘图步骤图3

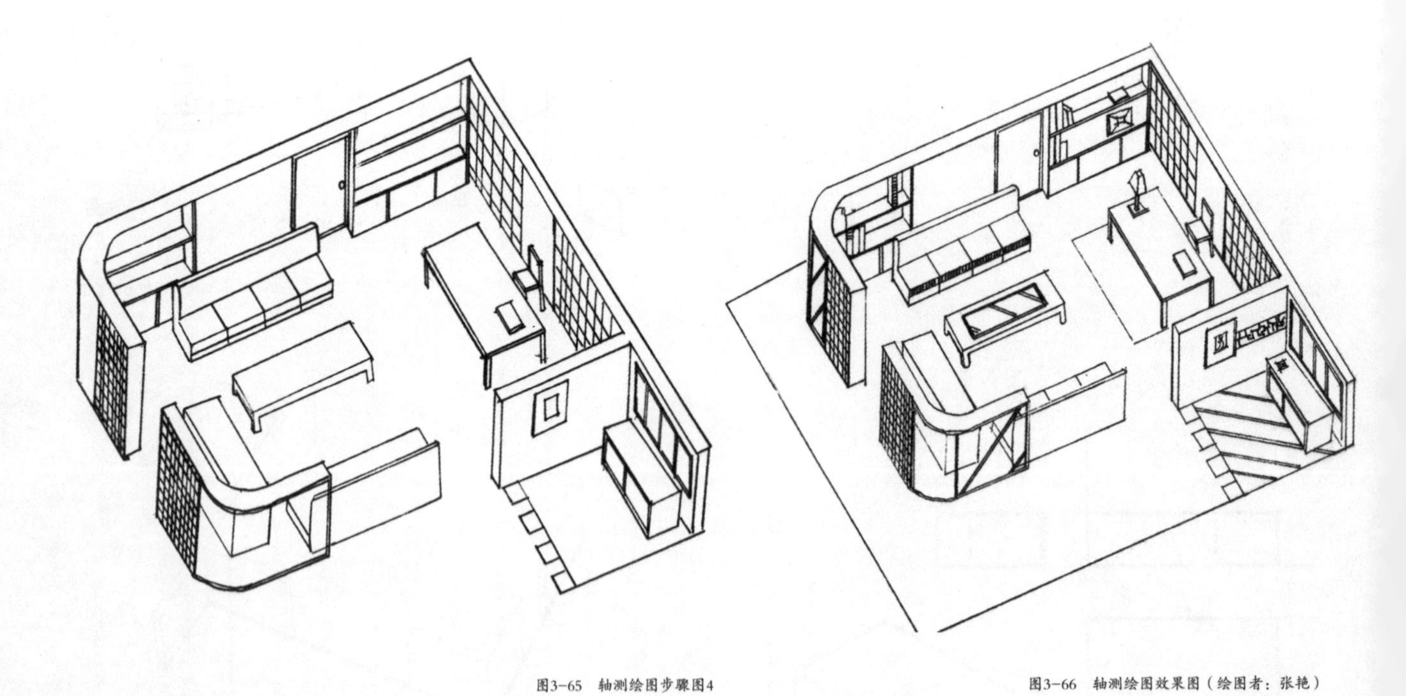

图3-65　轴测绘图步骤图4

图3-66　轴测绘图效果图（绘图者：张艳）

4

室内空间效果图表现的基本技能训练

[学习要求]

通过本章节的学习，循序渐进地掌握室内设计效果图表现的基本技能，逐一解决关于线条表现力及明暗关系的问题，并对室内空间各种家具与陈设类型以及绘画技巧有所了解。

[学习提示]

要想在室内设计效果图表现中呈现出最佳效果，必须靠线条、明暗调子，以及摆放进该空间的家具与陈设的细节来体现，在本章节中，需要通过大量的练习，收集足够丰富的资料。

4.1 从线条开始

4.1.1 画线的工具

1）线条练习的用笔

黑白稿画面的用笔，市面上以钢笔、针管笔、中性笔为主（图4-1）。但一般来说，中性笔无法循环使用，稳定性较弱，所以初期练习过程中，不推荐大家过多使用。各种笔均有其不同的性能，我们必须通过一定时间的训练，来熟悉笔的性能，然后再通过不同的运笔方法，得到各种不同效果的线条（图4-2）。

但在大量的习作练习和教学过程中，不难发现，我们用彩铅、马克笔等工具上色的过程中，也同样是由各种笔触和线条构成的。所以线条练习，不仅要从钢笔入手，也要把彩铅、马克笔，甚至蘸水彩的排笔工具拿来练习，充分地熟练（图4-3）。

2）纸

线条训练是一个大量积累并随时练习的过程。任何纸张都可以用于线条练习。除了素描纸、绘图纸、打印纸外，废旧练习本、废旧打印纸，甚至旧报纸等，都可以加以利用。在练习的过程中也应注意挑选与自己常用绘制纸张性质类似的，不可太过随便以至收效不高。

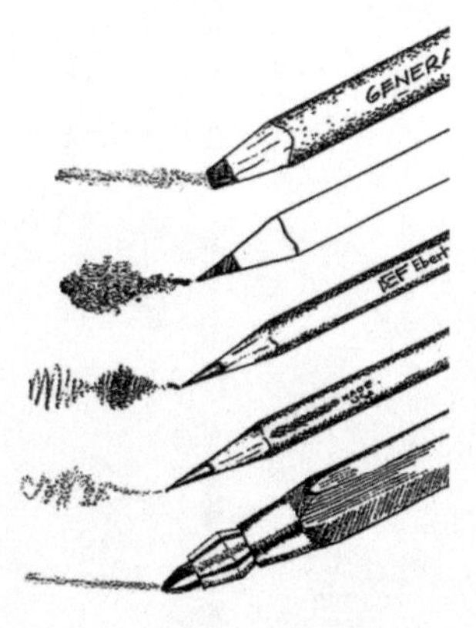

图4-1 各种黑白线稿工具

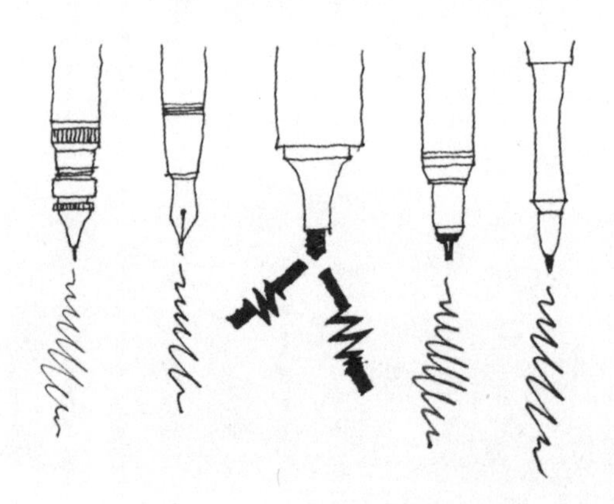

图4-2 不同笔的不同笔触效果

图4-3 各种上色工具的笔触效果

4.1.2 握笔的姿势

对于初学表现技法的人来说，最影响画面效果，也最容易忽视的是对手腕的控制。画线的过程中，手在动，手腕却不动，这是最常见的错误姿势。这样的画法，活动的空间过小，稍长一点的线条就画不直了，也很难往预想的方向准确用笔，画面往往歪歪扭扭。

正确方法：

画线的过程中，手腕跟着运笔方向在纸面上平移。

对于有一定美术功底的人来说，是懂得用这样的方式来保证线条的运动方向的。刚开始练习时，建议使用这样的方式。但手腕在与纸面摩擦的过程中，多少还是会影响到线条的流畅程度（图4-4）。

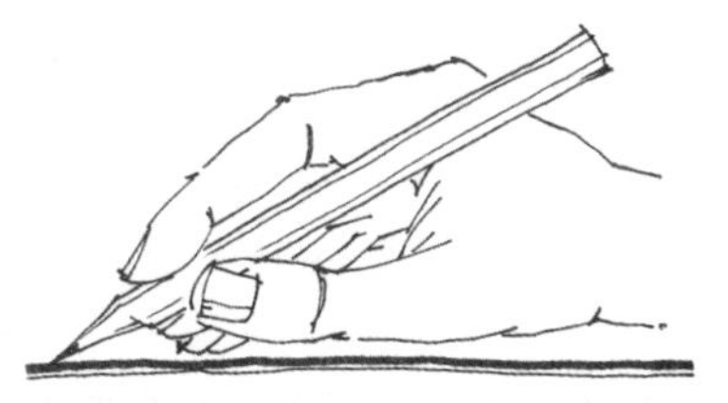

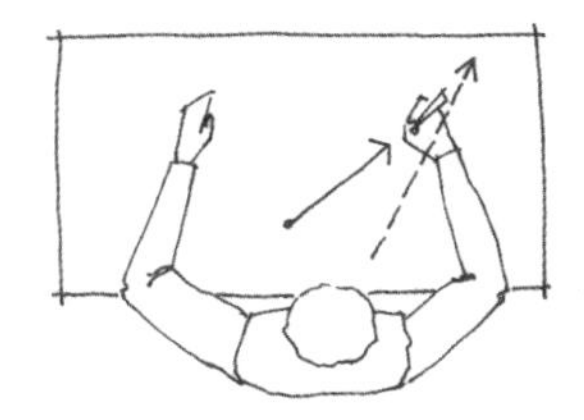

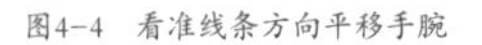
图4-4　看准线条方向平移手腕

图4-5　用小拇指支撑纸面的运笔姿势

经过一段时间的练习之后，可尝试把手腕离开纸面，靠手臂在桌面边缘的支撑，这是比前一种方法更放松、舒服的姿势，它使我们运笔自如，画出来的线条自然也就更加流畅，更具有生命力。刚开始觉得不易掌握时，可以用小拇指支撑一下纸面（图4-5）。

画线的过程中，悬起手腕和手臂。应该说，这是最为洒脱的一种姿势，但同时也最难掌握，要让用笔的方向、力度、缓急程度，在没有任何支撑的情况下挥洒自如，这需要经过长期大量的练习。

以上姿势的使用，也会因人而异。对于初学者来说，不必刻意追求。总之，我们的目的，并不在于让大家统一成为标准的姿势，而是在于笔下的线是否达到了理想效果，是不是做到了放松和流畅。

4.1.3　线条的种类

1）以训练的程度来分（图4-6）

（1）纯外行的线——飘、不稳定、无意识。

（2）半内行的线——基本上能控制方向，由于紧张、线条勾勒缓慢、不流畅、不够自然，出现错误时不知道该如何处理。

（3）内行的线——无所顾忌、稳定、流畅。

2）以线形的样式来分（图4-7）

（1）抖动、微弯的

（2）直的

（3）抖动、大波浪

在练习的过程中，寻找自己适合的线条，画起来应当是感觉得心应手。建议初学者一般情况下使用前两种线条样式，特别是抖动微弯的线条，因为画线的速度较慢，容易上手，画面感觉也相对丰富。

3）根据对象的物理特性来分（图4-8）

在进行环境艺术效果图绘制时，必须研究物体的物理特性，有的光滑，有的粗糙，有的坚硬，有的柔软。在表现时应当有意识地加以区分，如坚硬的物体用线要直挺些，柔软物体的用笔则较为圆滑和飘逸。这只是一般意义上的区别，物体的物理特性既复杂又有趣，要在平时生活中多观察、多体会，也可收集一些好的效果图作品，学习他人的经验。

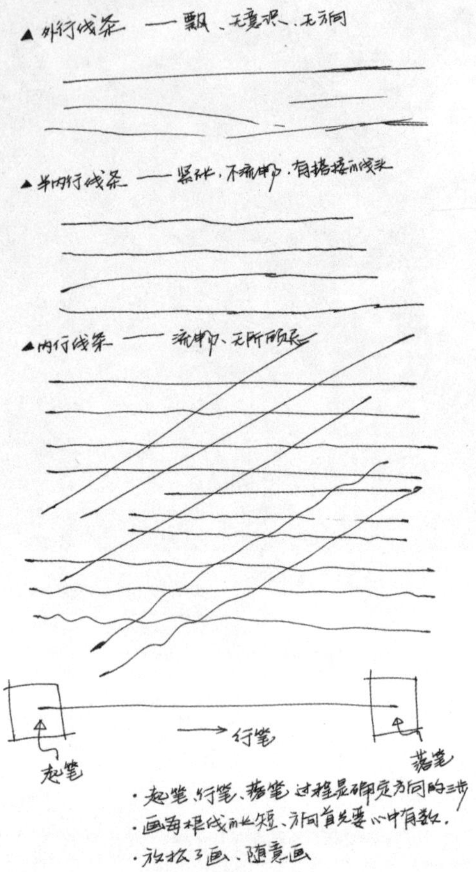

图4-6　以训练程度来分的线条种类

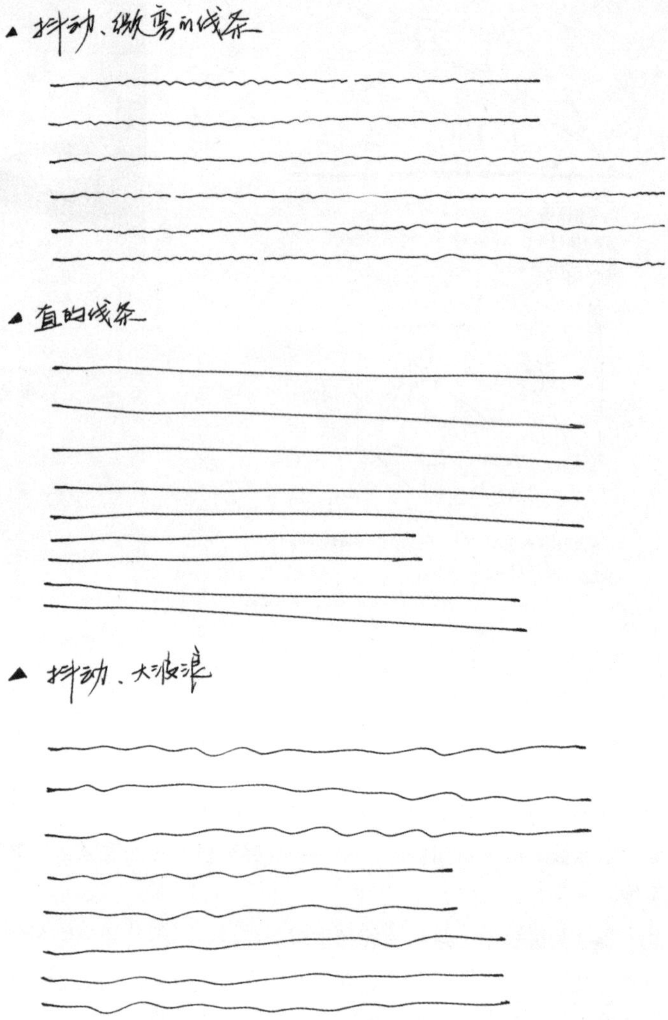

图4-7　以线形样式来分的线条种类

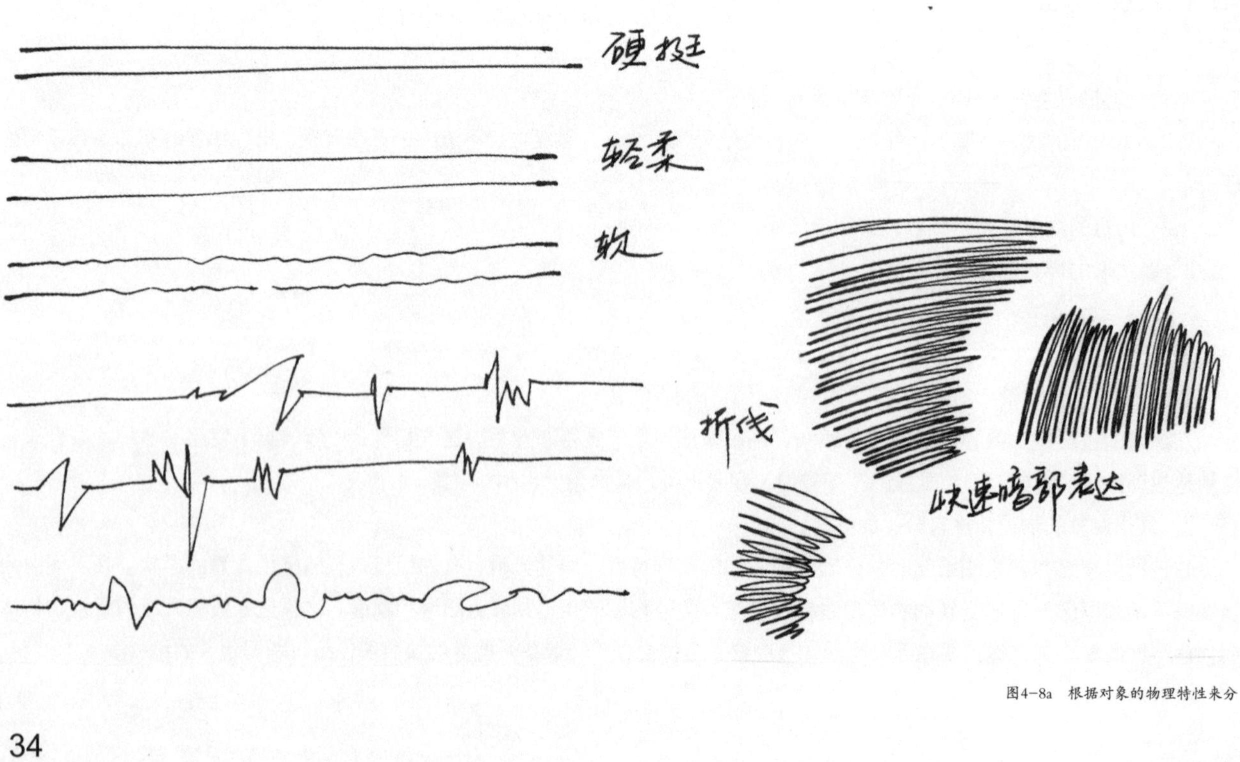

图4-8a　根据对象的物理特性来分

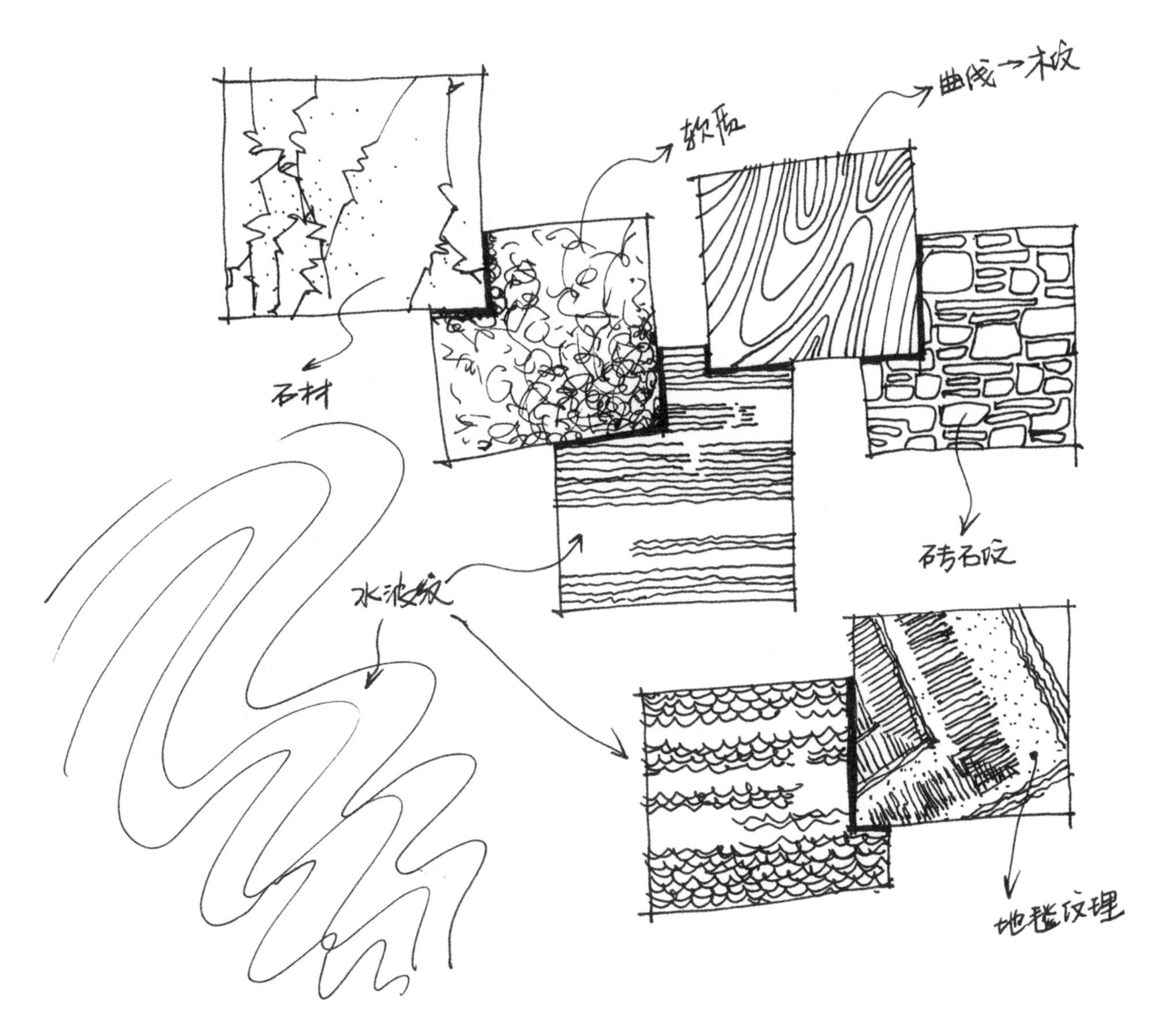

图4-8b 根据对象的物理特性来分

4.1.4 线条练习的方法

1）单纯的线条练习（图4-9）

进行此练习目的在于让我们掌握基本的线条速度、力度和方向的控制。

2）简单的几何形练习（图4-10）

进行此练习的目的在于一边练习线条一边掌握基本物体的结构和透视关系。

3）线描速写练习

进行此练习的目的在于用线条控制空间造型能力的培养。

速写是快速表现建筑与室内效果最便捷的方法，也是写生及收集各种素材最有效的方法，它既能储存大量的视觉信息，又可以开阔思路，训练手脑有机配合的快速造型能力。在信息化的社会中，时间意味着一切。“快”是设计师不得不具备的素质，速写正是快速达到彼岸的最好桥梁，为绘制快速的室内外表现图打下坚实的基础。

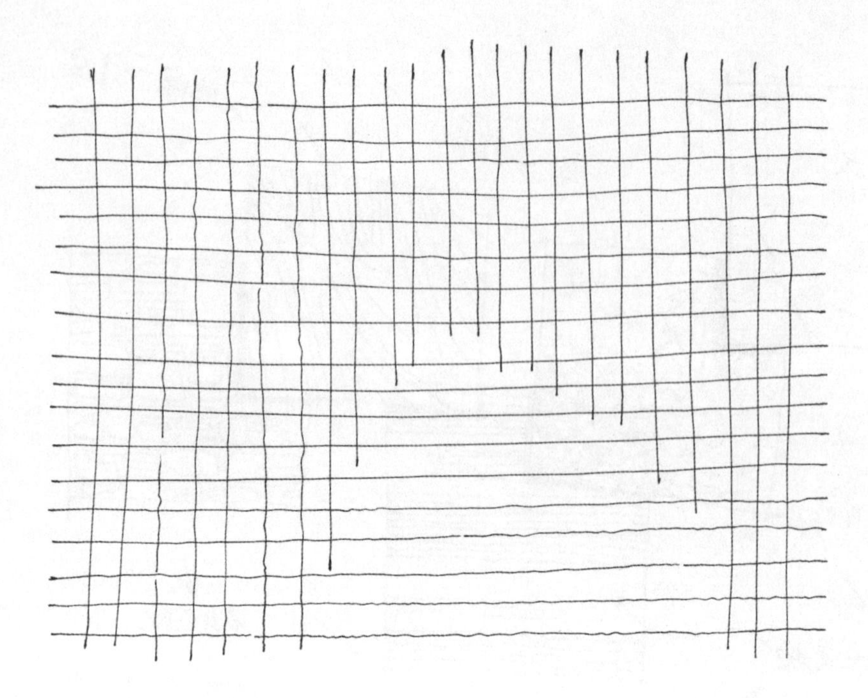

图4-9　单纯的线条练习

图4-10　简单的几何形练习

在环境艺术设计专业中，速写训练应以建筑速写为首选。因为建筑的体量大，透视线复杂，需要有高度的概括能力和敏锐的尺度感觉。画好了建筑，再画室内及其陈设物，就会容易得多（图4-11~图4-13）。

4.1.5 线条练习的目的

很多初学者在表达自己的设计意图时，常常觉得画出来的东西与自己大脑里想的相去甚远，想画直却画弯，想画圆却画扁，这是由于我们对线条的控制能力不足，要做到大脑里有什么想法，立刻就能表现出来；甚至大脑没动，手已经开始勾画了。我们在欣赏建筑大师的手稿草图时，就不难发现这些设计并非都是推理出来的，而是在无意识的反复线条勾勒过

图4-11 钢笔速写 （作者：杨翼）

图4-12 钢笔速写 （作者：杨翼）

图4-13 钢笔速写 （作者：杨翼）

程中自然生成的。

当画线成为我们本能表达的时候，清晰准确地表达我们的设计意图，便有了相当的基础。但是一张好的环境艺术效果图，仅仅依靠漂亮的线条显然不够，它还需要有准确的透视、熟练的上色技巧才能够算得上完整，在后面的章节中，我们将专门学习。

4.2 调子与质感

为了能够使画面的光影和材质看起来更加真实，我们必须在学习整体室内设计空间表现之前对其进行细致研究。

4.2.1 黑白调子与质感

简单来说，就是通过排线的方式表现光影的过渡、质感的区别。编者在编写的过程中，参考了有关钢笔画技法的各种书籍，总结了如下图例，供大家参考练习（图4-14~4-17）。

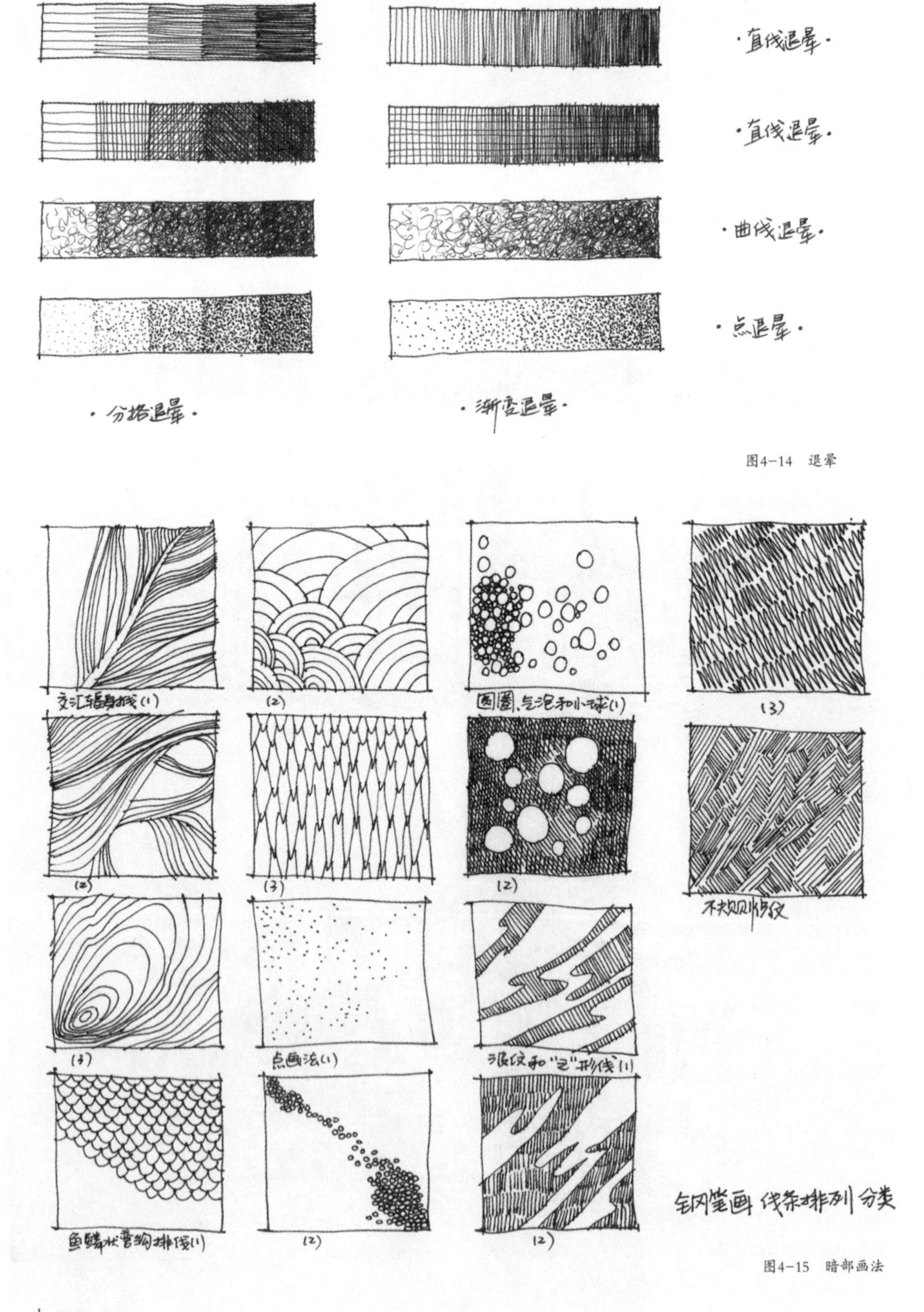

图4-14 退晕

图4-15 暗部画法

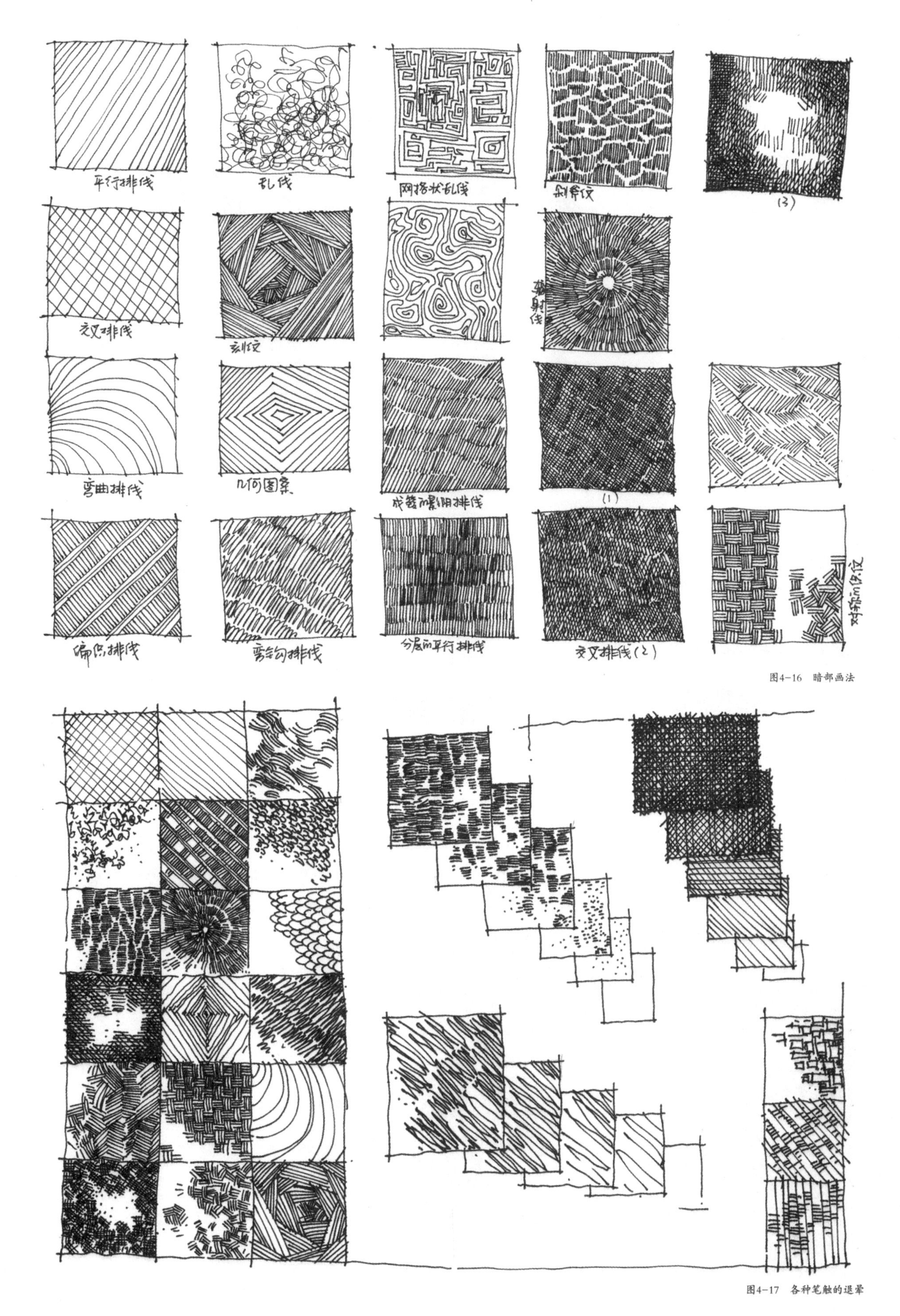

图4-16 暗部画法

图4-17 各种笔触的退晕

4.2.2 色彩调子与质感

所有钢笔调子与质感笔触以及线条排列方式，在上色时的笔触其基本原理是一致的，不同的明度，不同的材质，就选用不同的排线密度与方式（图4-18）。

图4-18 色彩调子与质感

在这里我们重点讨论的是不同色彩间的过渡与穿插关系。

同类色的过渡：同一色相的色彩进行变化统一，形成不同明暗层次的色彩，如只有明度变化的配色，给人以亲和、宁静、安详的效果。在同类色调中应特别注意通过明度及彩度的变化，加强对比。并用不同的图案、质地来丰富整个色调。同类色调中也可适当加入黑白无色彩作为调剂（图4-19）。

类似色的过渡：用色相环上相互接近的两至三种色彩的变化统一配色，如黄、橙和橙红，蓝、蓝紫和紫等，它给人以融合感，可以构成平静调和而又有变化的色彩效果（图4-20）。

对比色的过渡：补色及接近补色的对比色调和，运用色相环上相对位置的色彩，如青与橙、红与绿、黄与紫，明度与纯度相差较大。给人以强烈鲜明的感觉，使人能够很快注意并引起兴趣。但采用对比色必须慎重，其中一色应始终处于支配地位，使另一色保持原有的吸引力（图4-21）。

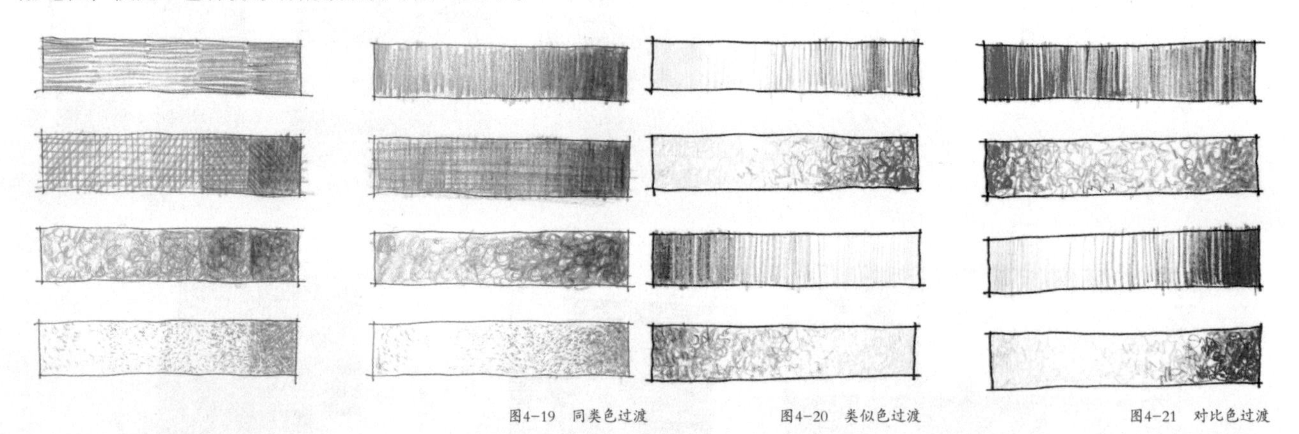

图4-19 同类色过渡　　图4-20 类似色过渡　　图4-21 对比色过渡

4.2.3 各种材质的表现方式

在室内空间设计中，我们涉及到的材质种类非常多。以石材来说，就有好几十甚至上百个品种，每一种都有它独特的色彩和肌理，要想在空间设计表现中应用自如，自然少不了平时的练习积累（图4-22）。

图4-22 各种材质的表现 （作者：杨翼）

4.3 室内家具与陈设单体表现

每一个空间，都由各种家具与陈设的单体组合而成，不难发现，当我们看到好的设计效果图时，往往画面中的家具与陈设都合理地分布在空间的各个区域，互相呼应。

在本节中，将通过分类的方式，对各种家具与陈设单体进行描绘练习，使我们设计的每个空间，都能将样式丰富的各类家具摆放进去，既能够丰富空间层次，又能丰富我们的画面效果。

同时，单体表现的透视和结构比一个空间的结构掌握起来要容易得多，通过单体练习，也可以增强大家对画面的把握能力。

4.3.1 家具

家具是室内设计效果图表现中涉及面最广的一部分。每个空间都有着各自特定的家具，每一种风格也都有着自己特定的样式结构。只有通过广泛而大量的练习，才能熟悉我们空间中的每一类家具（图4-23~图4-34）。

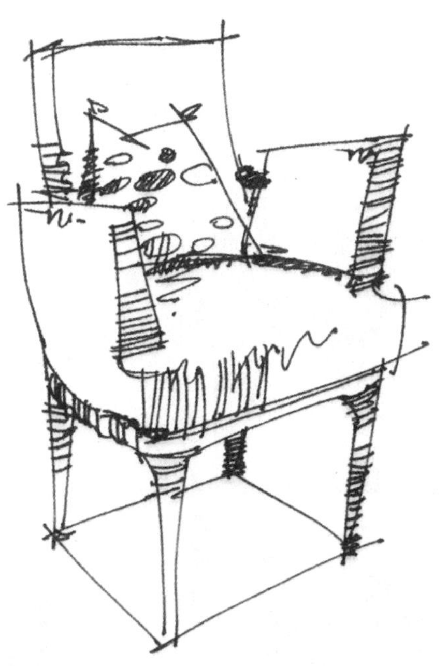

图4-23 现代风格的沙发椅 （作者：吕方璞）

图4-24　现代风格各式小家具　（作者：杨翼）

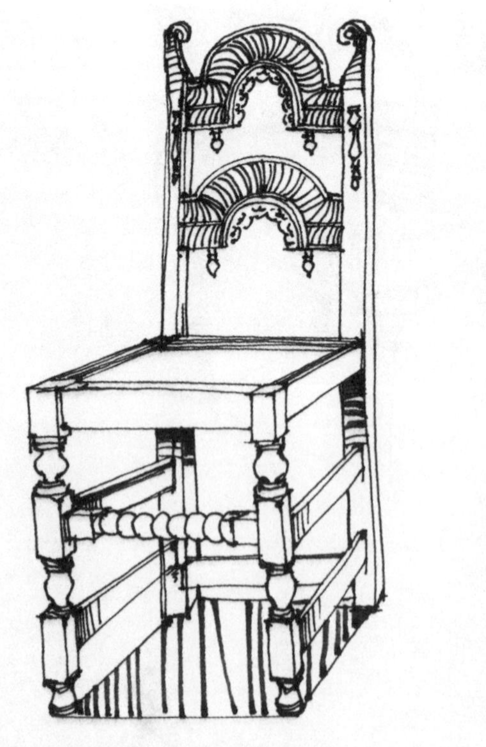

图4-25　欧式风格的坐椅　（作者：胡佩佩）

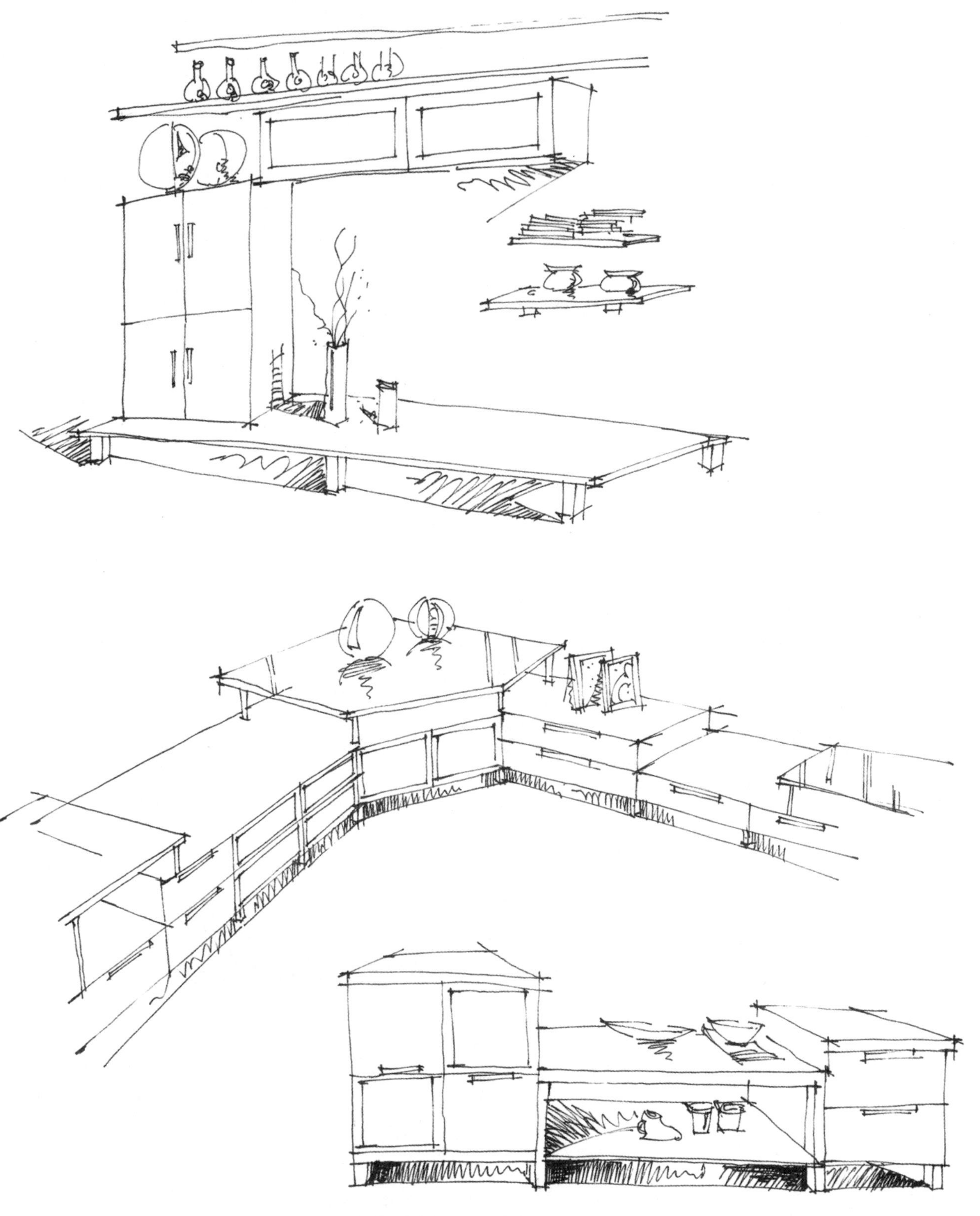

图4-26　现代风格的组合柜体　（作者：胡家瑶）

图4-27　欧式风格的餐桌椅　（作者：胡家瑶）

图4-28　休闲区的吧台，躺椅，沙发等　（作者：陈珊）

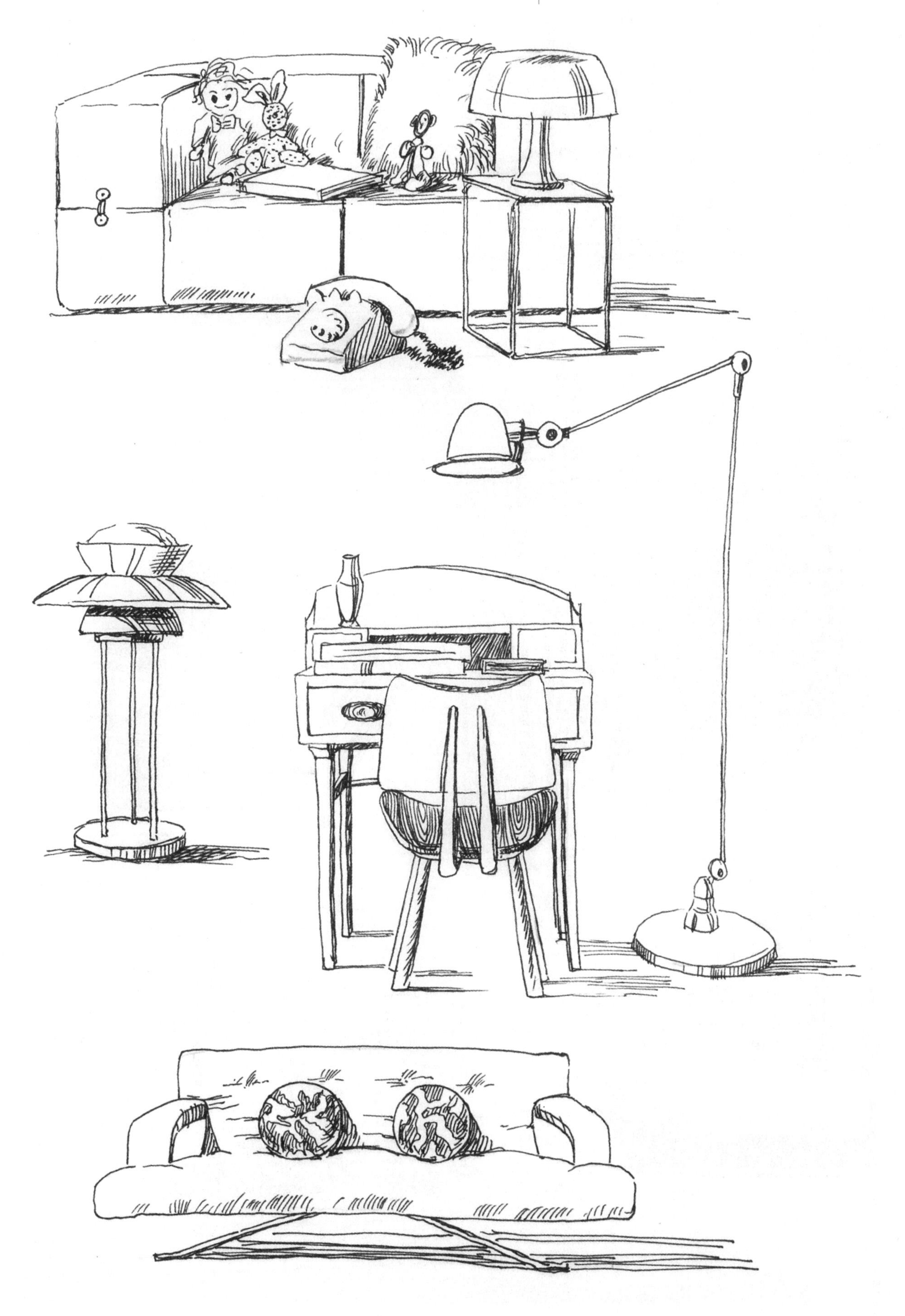

图4-29　现代风格的沙发，桌椅和灯具　（作者：陈珊）

图4-30　原木材质的家具　（作者：王颖）

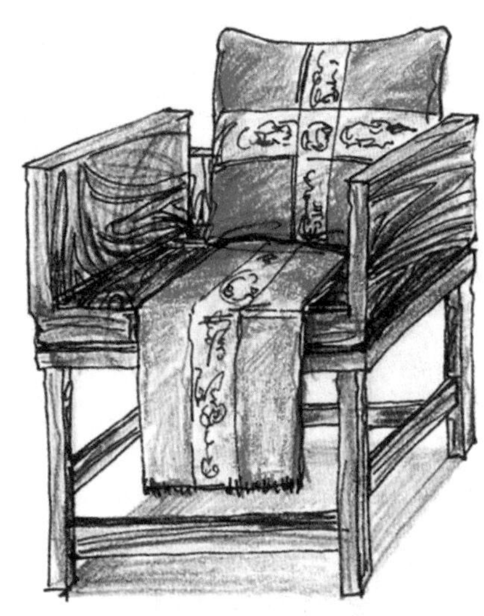

椅子背面．

椅子采用简单的方形木板做成．做工简单．

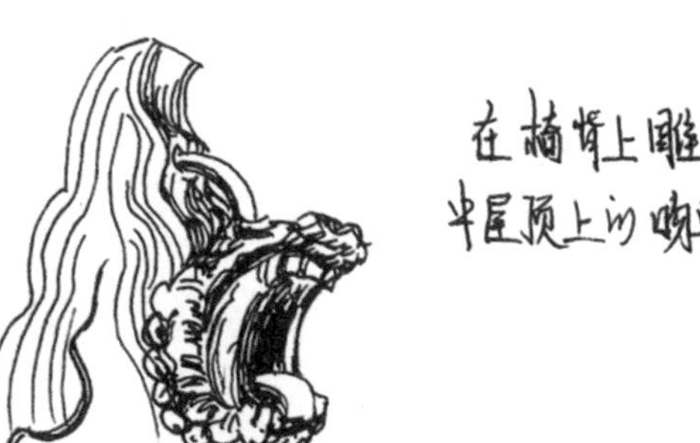

在椅背上雕出中国古代建筑中屋顶上的吻兽．

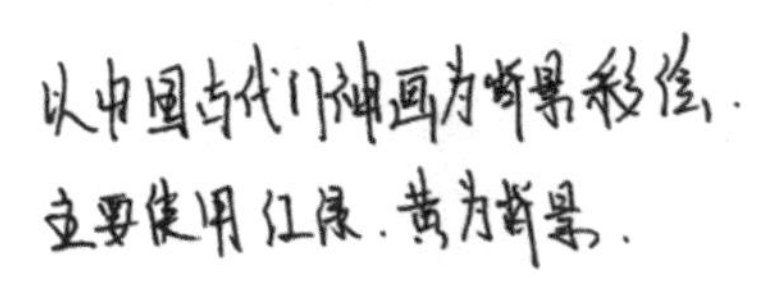

图4-31　现代中式风格椅子　（作者：王颖）

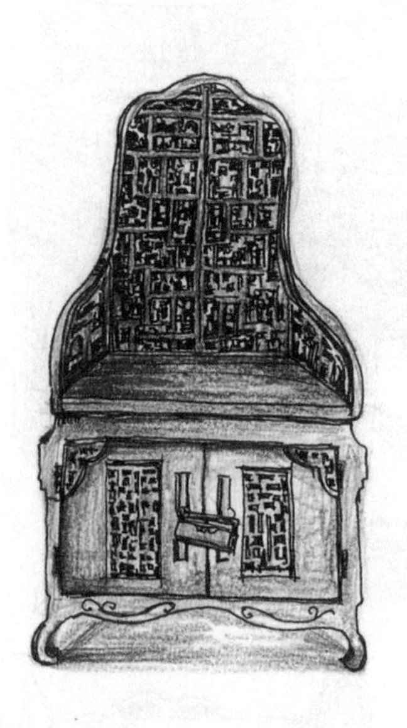

图4-32 现代中式风格椅子 （作者：王颖）

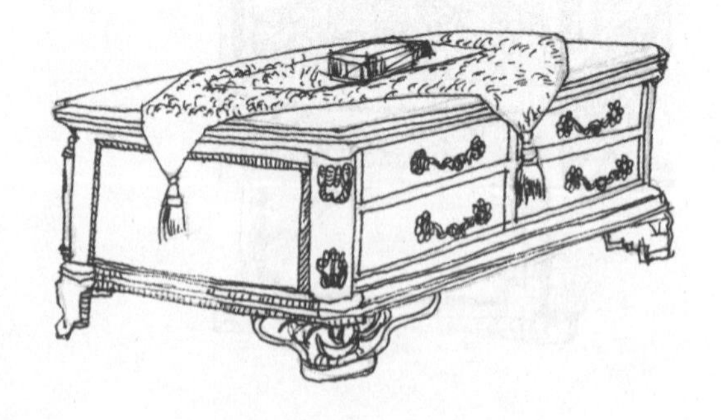

图4-33 欧式风格的桌椅 （作者：张金华）

图4-34 中式风格的桌椅 （作者：刘文泽、吕方璞）

4.3.2 灯具（图4-35）

灯具在室内空间中起着重要的点缀作用。

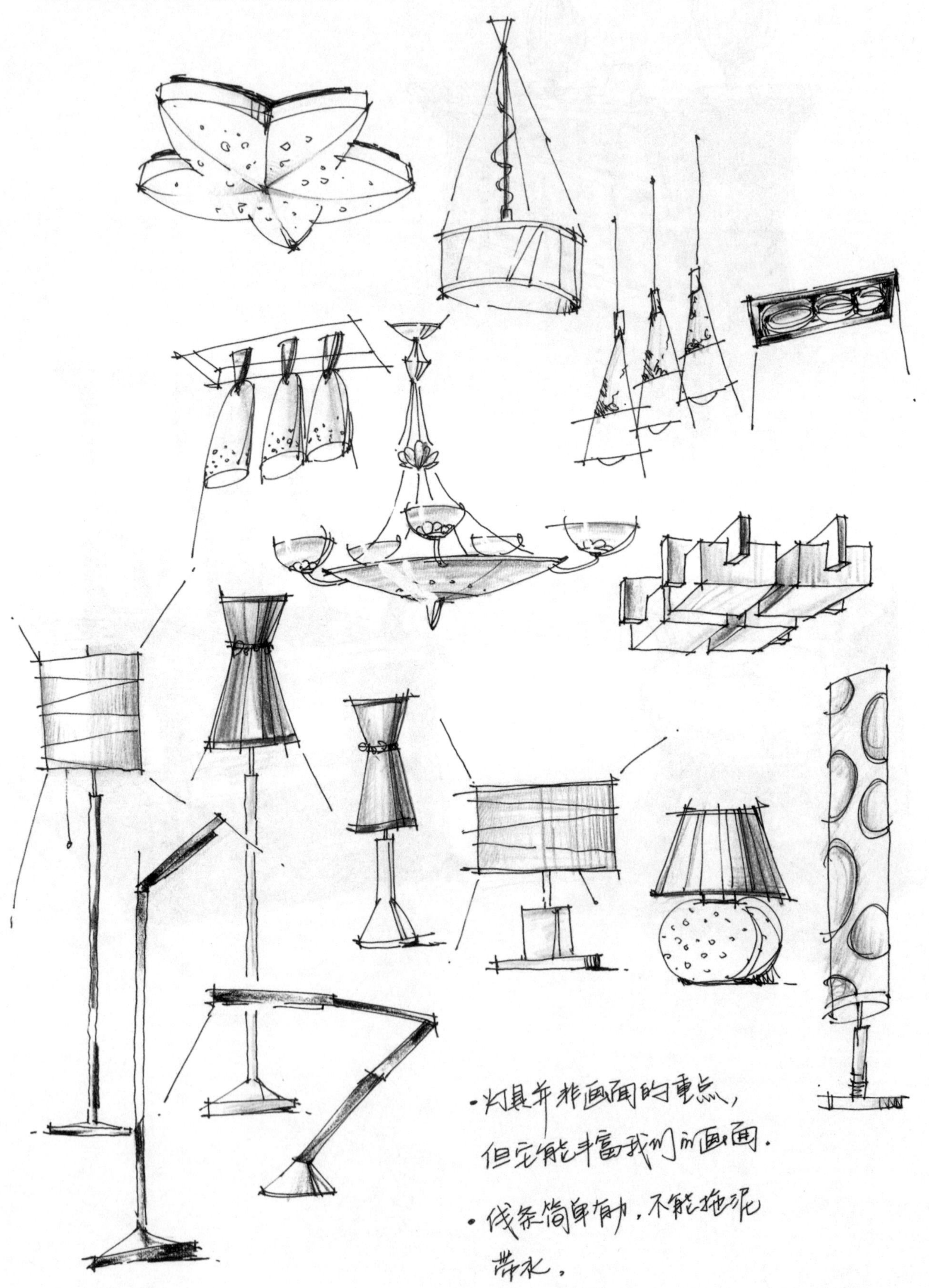

图4-35 各式灯具 （作者：杨翼）

4.3.3 绿化（图4-36~图4-38）

室内空间的绿化能为画面营造出自然清新的氛围，打破画面僵硬的边界。

图4-36 大型绿化植物 （作者：杨翼）

图4-37　中小型绿化植物　（作者：杨翼）

图4-38　小型盆栽和花艺　（作者：胡家瑶）

4.3.4 装饰(图4-39、图4-40)

室内空间少不了各式各样的装饰品,陶罐,花瓶,书法字画等,构成了色彩丰富,层次鲜明的画面。

图4-39 各种风格的装饰字画 (作者:杨翼)

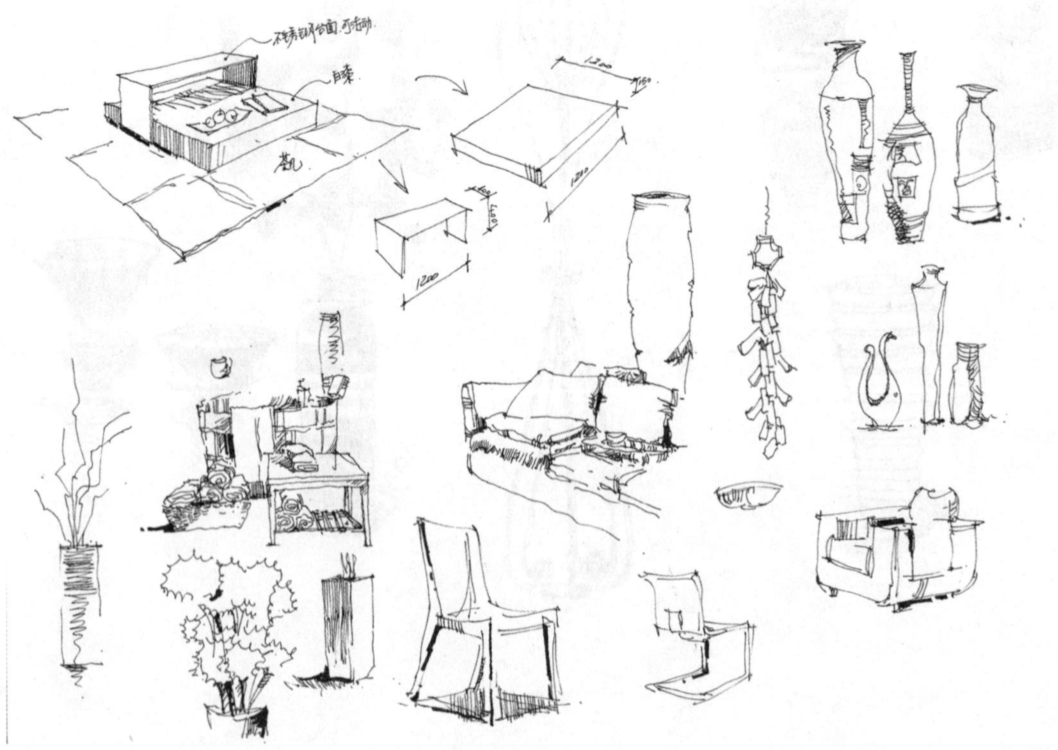

图4-40 各种风格的小摆件 (作者:杨翼)

4.4 室内家具与陈设组合对空间氛围的渲染

在掌握了单体家具与陈设的表现技巧后，不妨尝试将它们进行一些组合搭配，循序渐进地扩充画面，从空间的功能和的风格上作进一步研究。本小节中我们就几种典型的空间与设计风格进行举例说明（图4-41~图4-51）。

图4-41 温馨的卧室组合 （作者：杨翼）

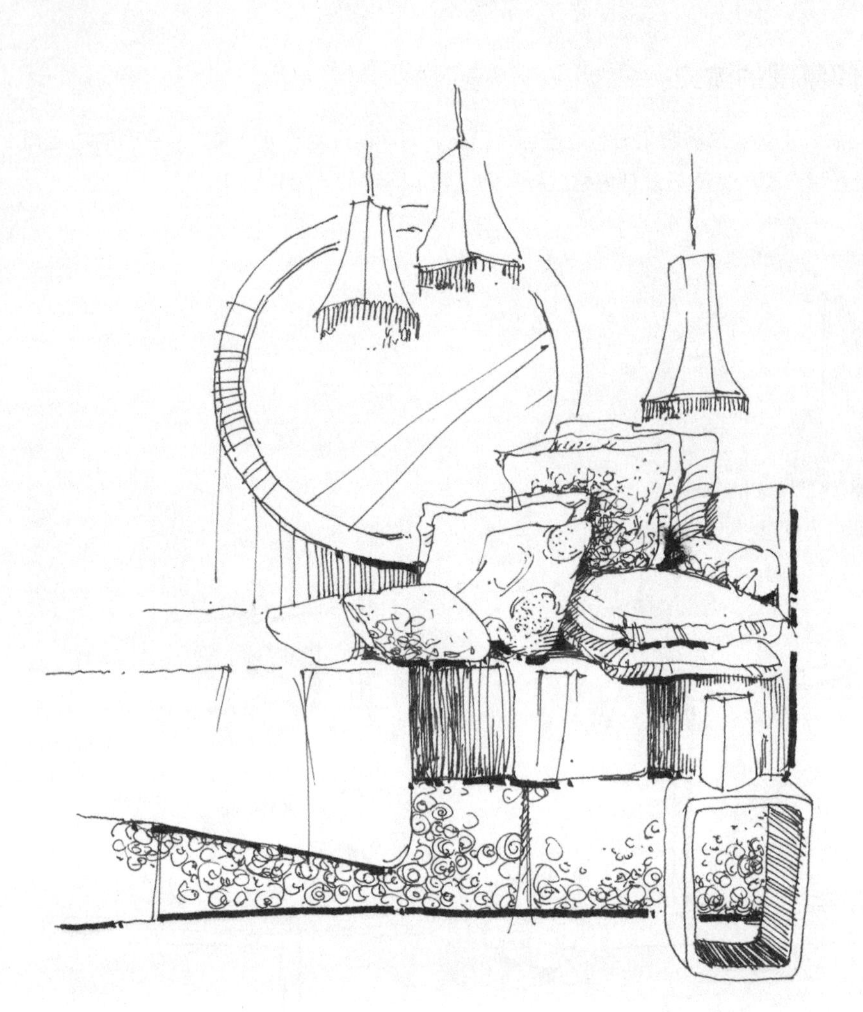

图4-42　温馨的卧室组合　（作者：杨翼）

图4-43　组合变化丰富的客厅沙发组合　（作者：杨翼）

图4-44 欧式休闲沙发组合 （作者：杨翼）

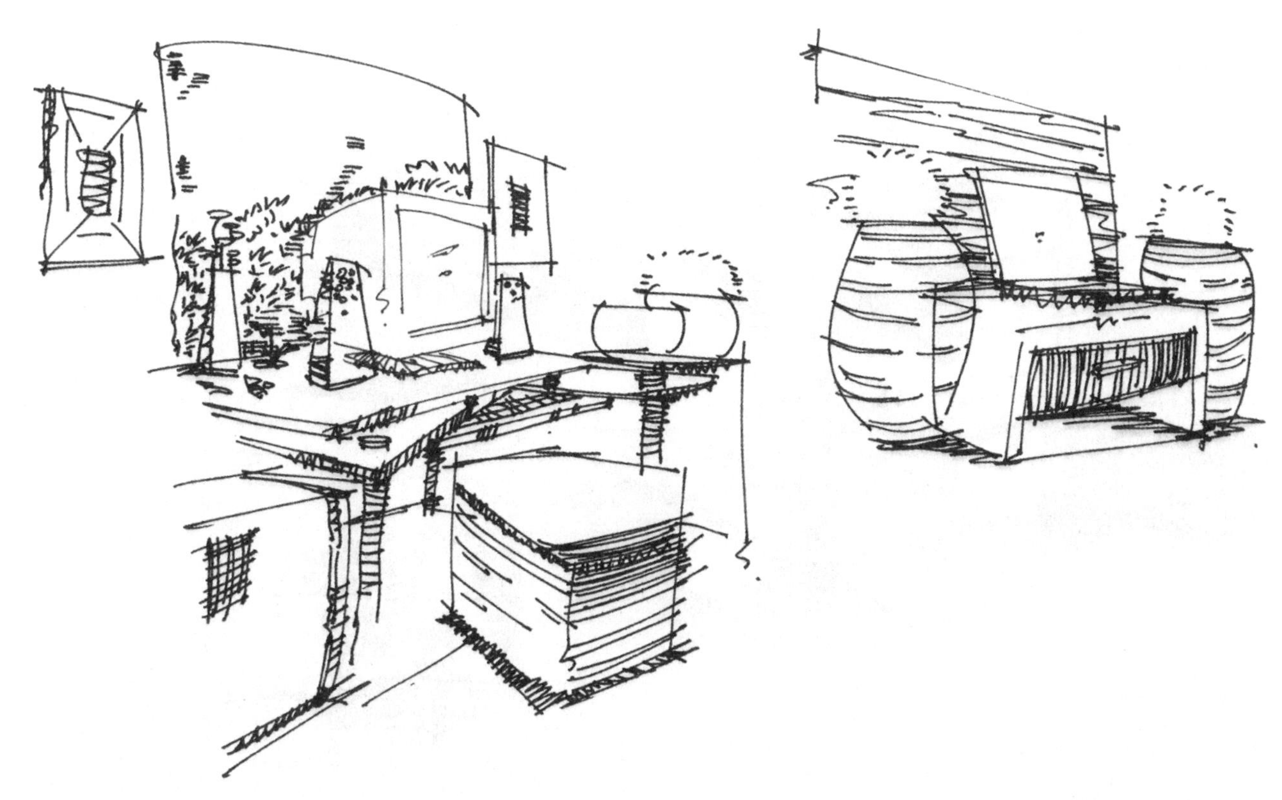

图4-45 现代书房组合 （作者：吕方璞）

图4-46　休闲沙发组合　（作者：吕方璞）

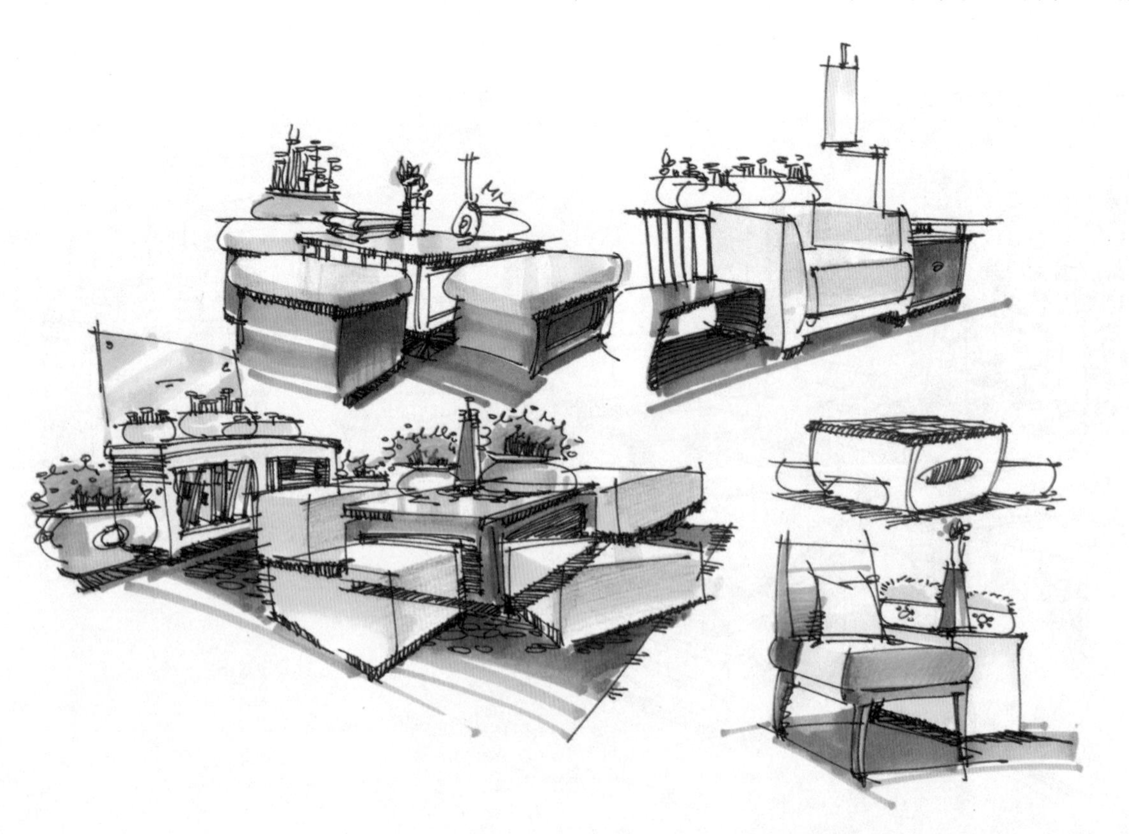

图4-47　各种沙发座椅组合　（作者：吕方璞、张雷）

图4-48 卧室组合 （作者：吕方璞、魏军）

图4-49 娱乐空间沙发组合 （作者：吕方璞、魏军）

图4-50　客厅空间沙发组合　（作者：张雷）

图4-51　各种卧室床品沙发组合　（作者：吕方瑛、魏军）

思考与练习：

1．坚持每天完成5~10张线条练习，持续两周。

2．临摹书中明暗调子图例。

3．根据光盘中单体练习的图片参考资料，坚持每天完成5~10个家具与陈设单体的练习，持续3周。

5 室内空间效果图表现的分类表现形式与步骤

[学习要求]

室内设计效果图表现形式多种多样，一方面工具的多样性增加了练习者的可选择性，另一方面随着计算机软件的应用更加广泛，出现了完全不同于以往的表现方法。通过本章节的学习，能对这些表现形式有基本的了解，并掌握一至两种适合自己的表现方法。

[学习提示]

面对多元化的表现技法选择，关键是要掌握适合自己未来工作需要的技能，从钢笔画到水彩水粉，再到马克笔、彩铅，甚至计算机软件和手绘的结合，在学习的过程中，我们要尽量多尝试，找到最适合自己的表现语言。

5.1 钢笔线描

钢笔线稿，是我们所有表现形式的基础，没有好的钢笔线稿充分表现出空间关系，即便上色做得再完美，画面也无法达到理想中的效果。

钢笔线描表现首先要注意画面远近关系的虚实对比，没有虚实对比就没有空间感。视觉上远处的物体是虚的，所以远处的物体要少刻画，甚至不刻画它的明暗关系，而近处的物体要深入些。其次是画面的黑白灰关系，通过明暗对比，使表现对象立体感强烈，结构鲜明。最后还要注意画面中线条变化的对比，如空间结构线和硬性材质线要借助工具画，如丝织物、饰品要徒手画。

5.1.1 蒙图练习

蒙图练习，即将透明的硫酸纸覆盖在打印好的照片上，根据照片中的空间结构，描绘画面中物体的边缘，并根据画面的光影，处理基本的明暗变化。借助好的室内空间图片进行练习，帮助我们提高空间的理解和感悟能力，并学会处理画面中线条结构等的关系。

对于空间组织能力较差的初学者来说，通过这样的方式，往往能出现理想的画面效果（图5-1~5-5）。

图5-1 空间场景的蒙图练习 （作者：李霁）

图5-2　空间场景的蒙图练习　（作者：李霁）

图5-3　空间场景的蒙图练习　（作者：李霁）

图5-4 空间场景的蒙图练习 （作者：杨翼）

图5-5 空间场景的蒙图练习 （作者：杨翼）

5.1.2 深入地钢笔线描

通过对线条与质感以及黑白调子的练习，不难发现，钢笔线条本身也是极富魅力的表现语言。而通过对光影明暗和材质的深入描绘，能够为我们带来精彩的画面。

步骤示范（图5-6~图5-10）

图5-6　铅笔草稿

图5-7　通过线条组合处理描绘空间

图5-8　通过线条组合处理描绘空间

图5-9 通过线条组合处理描绘空间

图5-10 完成正稿 （作者：吕方璞）

钢笔线描作品示范（图5-11~图5-14）

图5-11　卧室空间效果图　（作者：杨翼）

图5-12　卧室空间效果图　（作者：杨翼）

图5-13 客厅空间效果图 （作者：吕方璞）

图5-14 客厅空间效果图 （作者：吕方璞）

5.2　水粉、水彩等传统工具

在没有出现马克笔、彩铅这些相对便捷和快速的表现工具前，设计师在进行效果图表现过程中，所使用的都是水粉、水彩、喷笔等传统的效果图表现工具。

铅笔淡彩：这种技法能够表现出严谨、丰富的空间结构。铅笔线挺拔有力，浓淡随意。水彩由于透明，可多次渲染，能够运用退晕等多种技法（图5-15）。

水粉画法：具有立体感强、易于修改、刻画深入等优点。这种技法表现力强，色彩浑厚饱和，适用于多种空间环境的表现（图5-26）。

图5-15　水彩表现技法

图5-16　水粉表现技法

喷绘技法：喷绘表现具有细腻、丰富，真实感强，变化微妙和现代感强等特点，在早期的商业竞争中具有很强的优势，容易被接受。但喷绘表现面积过于平滑，掌握不好容易造成商业气息过浓，缺乏艺术性的印象（图5-17）。

以上三种方式来表现效果图比较麻烦，既要裱纸又要调色，便携性较差，但成本相对低廉。这些传统的表现工具，虽然在画面真实感，立体感上有着自身的优势，却需要花长期的时间进行描绘。今天，这种真实感也早已被更加细腻真实的电脑效果图所替代。在国外仍将其作为主要的表现手法之一。作画时在原有材质的色度上稍作变化即可，但要注意色彩的过渡和冷暖的变化。

图5-17　喷绘表现技法

作为快速表达设计方案的技法，钢笔淡彩的效果也有着其特有的效果（图5-18~图5-25）。

图5-18　钢笔淡彩表现技法　（作者：王念）

图5-19　钢笔淡彩表现技法　（作者：王念）

图5-20 钢笔淡彩表现技法 （作者：王念）

图5-21 钢笔淡彩表现技法 （作者：胡家瑶）

图5-22　钢笔淡彩表现技法　（作者：胡家瑶）

图5-23　钢笔淡彩表现技法　（作者：胡家瑶）

图5-24　钢笔淡彩表现技法　（作者：胡家瑶）

图5-25　钢笔淡彩表现技法　（作者：胡家瑶）

5.3　彩铅

彩色铅笔是手绘表现中常用的工具。彩铅的优点在于画面细节处理，如灯光色彩的过渡，材质纹理的表现等。但因其颗粒感较强，对于光滑质感的表现稍差，如玻璃、石材、亮面漆等。使用彩铅作画时要注意空间感的处理和材质的准确表达，避免画面太艳或太灰。由于彩铅色彩叠加次数多了画面会发腻，所以用色要准确，下笔要果断。尽量一遍达到画面所需的整体效果，然后再深入调整刻画细部。

5.3.1　使用彩铅上色的准备工作

和练习钢笔线条一样，开始进行彩铅上色前，要对自己的工具熟悉掌握（图5-26）。

彩铅色标

· FABER-CASTELL

401 404 407 409 415 416 418 419 421 425 426 427 429 430 432 433

434 435 437 439 443 444 445 447 448 449 451 452 453 454 461 462

457 463 466 467 470 472 473 476 478 480 483 488 492 495 496 499

· STAEDTLER

1 2 3 4 5 6

7 8 9 10 11 12

13 14 15 16 17 18

· Mondeiuz

3 6 8 9 10 13 17 20

25 27 31 33 36

· 其它

图5-26 彩铅色标

5.3.2 彩铅的笔法与技巧（图5–27）

彩铅的笔法与技巧有如下几点：

1）利用笔画方向来突出描绘物体表面的轮廓。

2）在一些较薄的画纸下面放上肌理粗糙的材质，然后再着色，可以创造出画面的肌理感。

3）可使用橡皮擦出天空，玻璃等特殊材质的亮光区。

4）从最浅的颜色开始，逐渐增加那些较深的颜色。

5）不要反复叠加多层色彩，那样容易使色彩看起来脏腻。

图5–27 彩铅基本笔触

5.3.3 彩铅上色的技法示范（图5-28~图5-32）

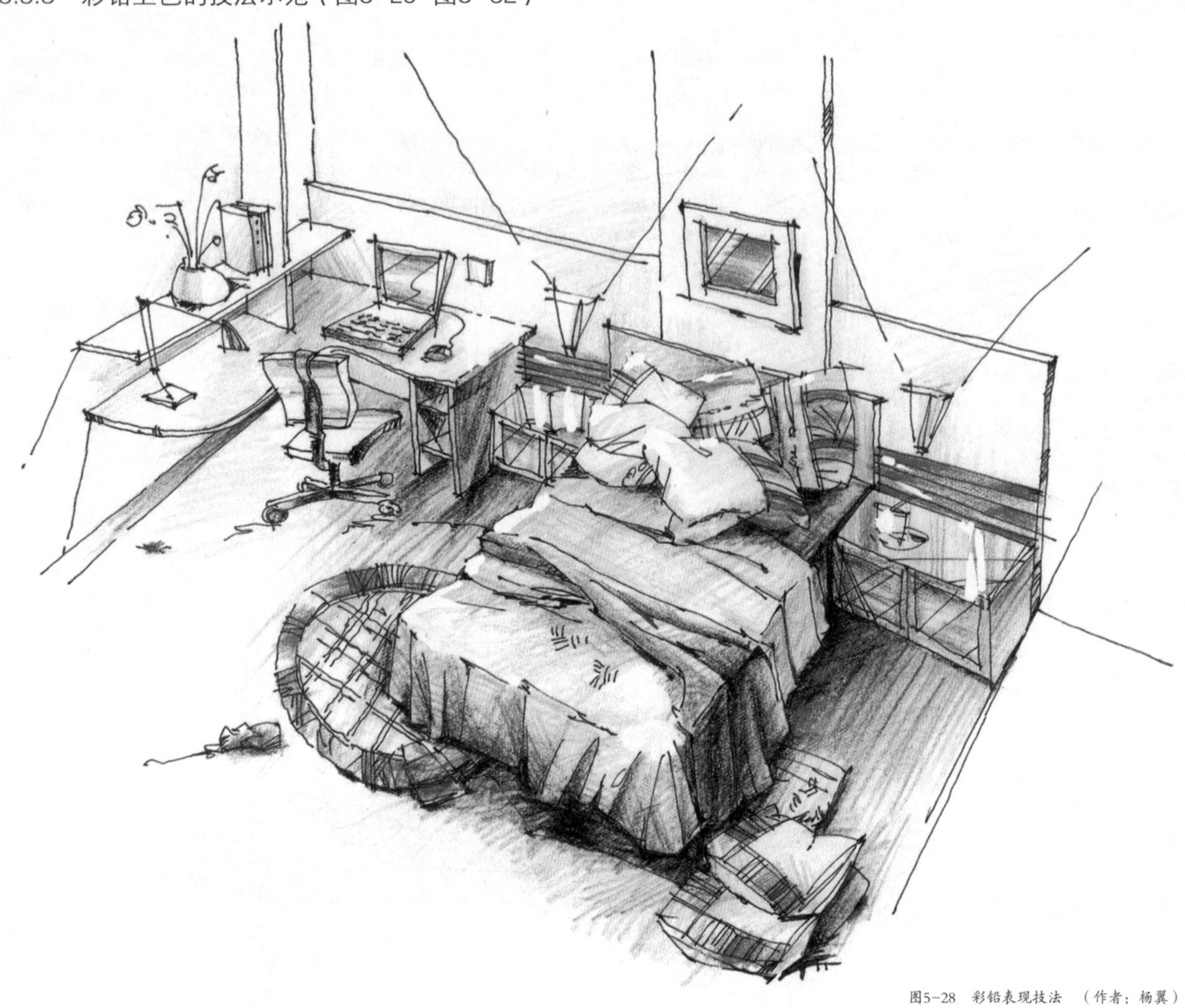

图5-28 彩铅表现技法 （作者：杨翼）

图5-29 彩铅表现技法 （作者：杨翼）

图5-30 彩铅表现技法 （作者：杨翼）

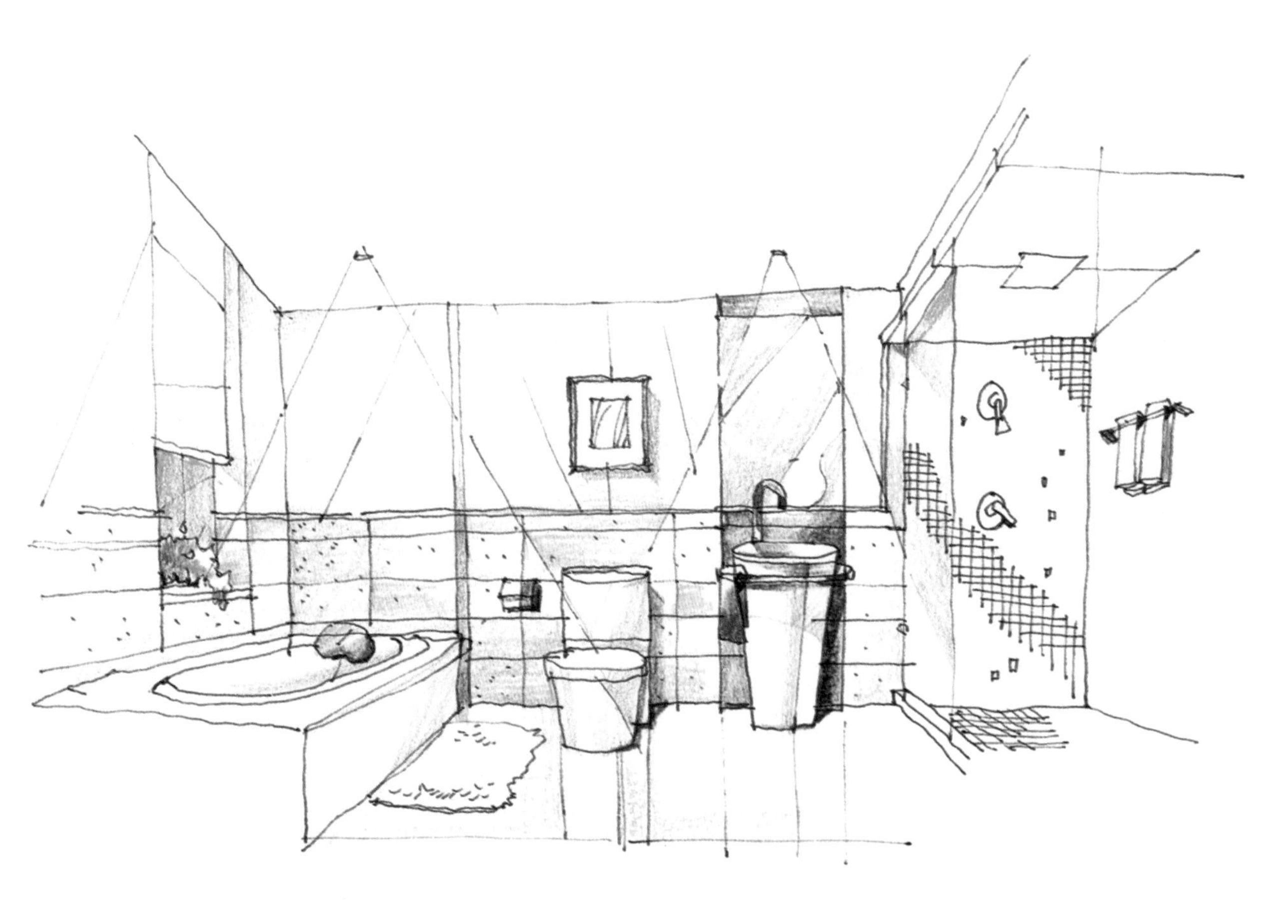

图5-31 彩铅表现技法 （作者：杨翼）

图5-32　彩铅表现技法　（作者：杨翼）

5.4　马克笔与彩铅结合

油性马克笔是手绘表现中常用的工具。它的色彩透明度很好，便于大场景的表现和光滑质感的刻画。但由于油性马克笔笔触单调且不便于修改，对细节以及材料质感表现难以把握。如果配合彩色前部，取长补短，画面表现力将大大增强。这是我们本书的重要章节。

在刻画细节时，水性马克笔比油性马克笔更有优势，但使用起来较难把握。水性马克笔表现技法和油性马克笔基本一致。作画过程中，水分蒸发后色彩会发生变化，并且笔触多次叠加颜色会变浊，在较薄的纸张上则更难把握。

油性马克笔以二甲苯（或医用酒精）为颜料溶剂，具有色彩透明度高、易挥发的特性。一支笔用不了多久就会干涩，此时注入适量溶剂可继续使用。油性马克笔色彩相对比较稳定，但不宜久放，作品最好及时扫描存盘。另外，油性马克笔不可调色，所以选购笔时颜色多多益善，特别是灰色系和复合色系。纯度很高的色彩多用来点缀画面效果，可用彩铅代替，建议少买。

马克笔表现和水彩表现的步骤一样，由深色叠加浅色，否则浅色会稀释深色而使画面变脏。同一只马克笔每叠加一次色彩就会加重一级，三遍以后就基本没变化了。应尽量避免不同色系的笔大面积叠加，如黄和蓝、红和蓝、暖灰和冷灰等等，否则色彩会变浊，且显得脏。

5.4.1　使用马克笔上色的准备工作

由于马克笔的色彩种类丰富，要在众多马克笔中找到自己想要的颜色，就有必要将色彩按照不同色系进行分类，并做好色彩标记（图5-33）。

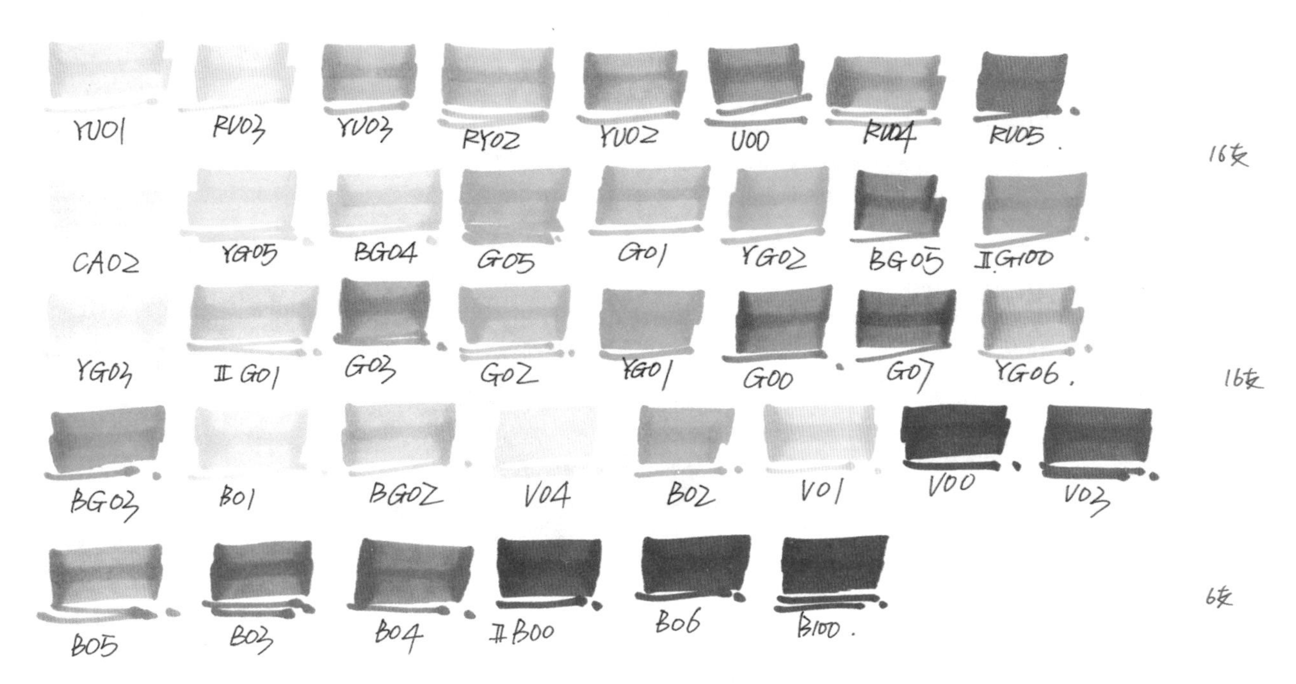

图5-33 马克笔分类色标

5.4.2 马克笔的笔法与技巧

1）直线

直线在马克笔表现中运用最多，也是较难掌握的笔法。画直线下笔要果断，起笔、运笔、收笔的力度要均匀，所以马克笔练习应从直线开始（图5-34、图5-35）。

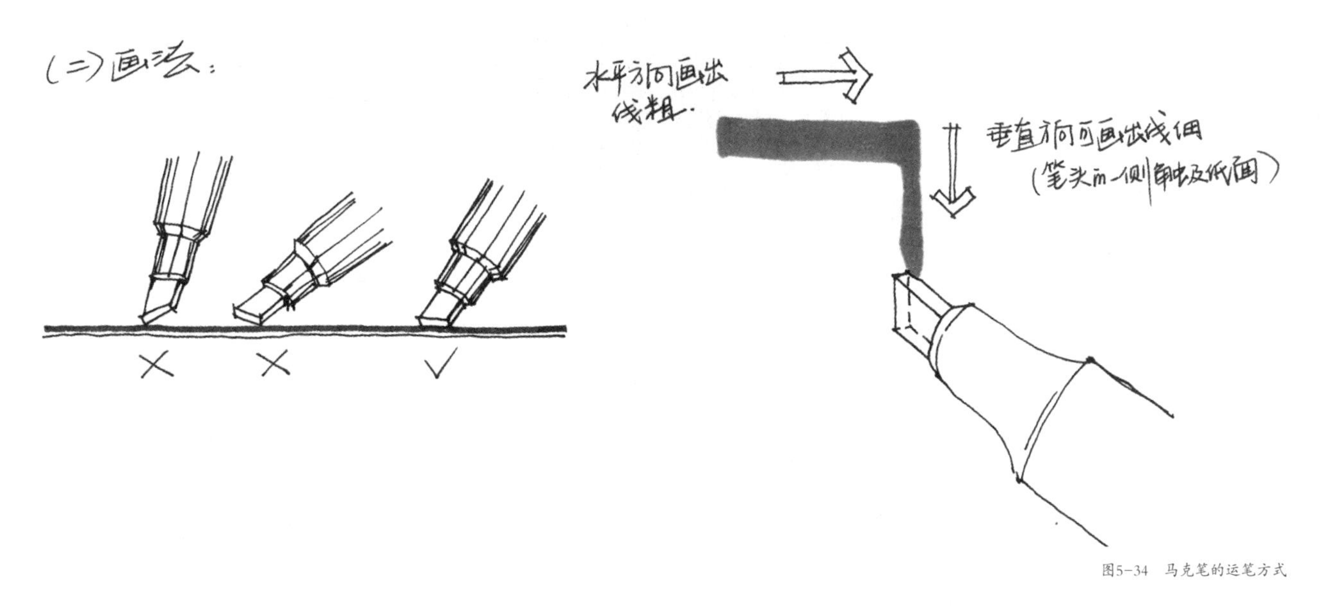

图5-34 马克笔的运笔方式

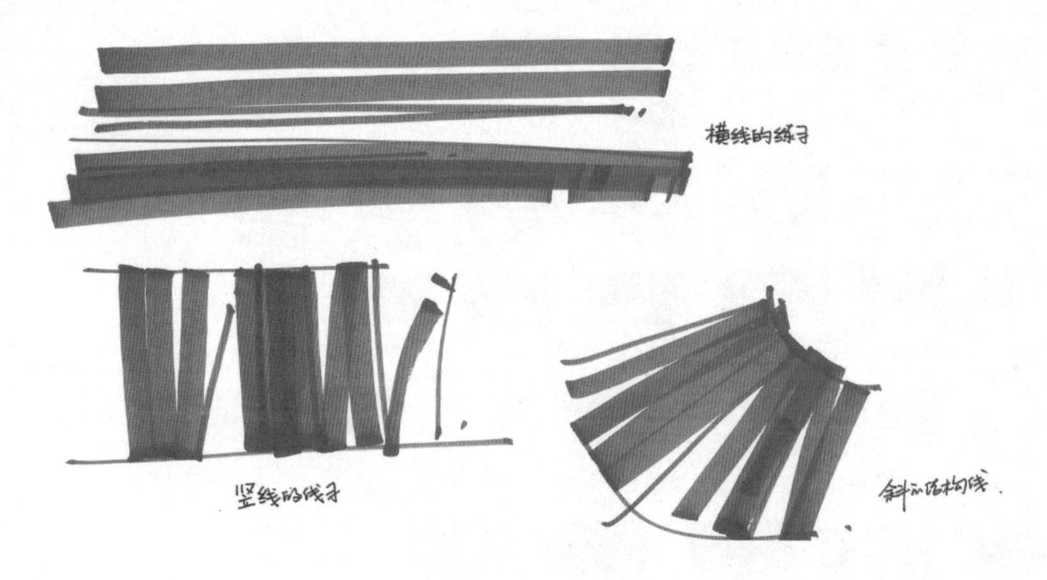

图5-35 马克笔线条的练习

错误直线：（1）起笔和收笔力度太大，出现哑铃状的线性。

（2）运笔过程中笔头抖动出现了锯齿。

（3）有头无尾，收笔草率。

（4）笔头没有均匀接触纸面（图5-36）。

2）横线和竖线垂直交叉

垂直交叉的组合笔触多用来表现光影和质感，以明显的笔触变化来丰富画面的层次和效果。注意交叉叠加时，要等到第一遍着色完全干透，否则第二遍色彩会和第一遍色彩溶合在一起而失去清晰的笔触轮廓（图5-37）。

3）循环重叠笔法

一幅画中的物体表现诠释太过于直接，画面就会显得很僵，整体感比较弱。而明显的笔触可以丰富画面，使画面不至于呆板。所以还应以大块面的色彩来刻画物体。循环重叠笔法在作品中使用较多，它能产生丰富自然且多变的效果。多用于物体的阴影部分，以及玻璃、丝织物、水等物体的表现（图5-38）。

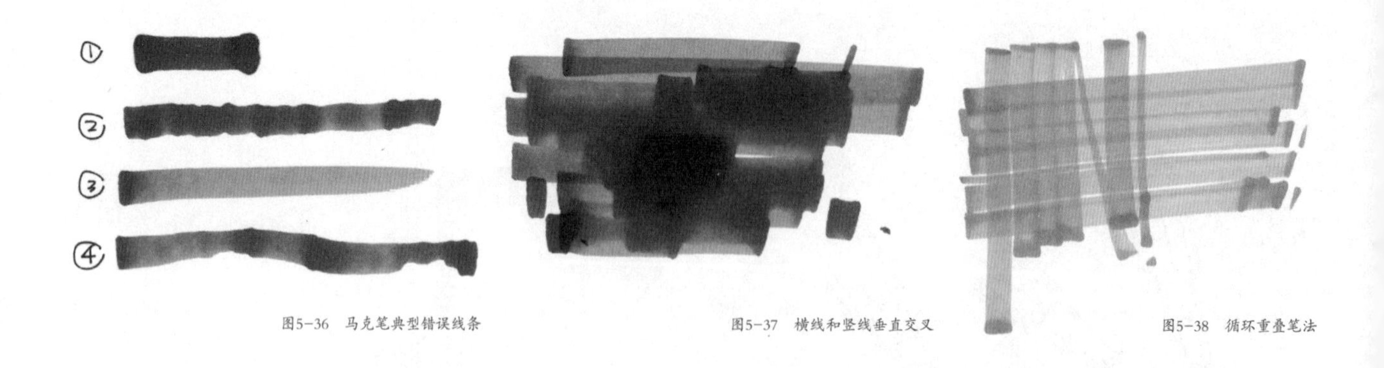

图5-36 马克笔典型错误线条

图5-37 横线和竖线垂直交叉

图5-38 循环重叠笔法

5.4.3 马克笔与彩铅相结合的技法示范

步骤示范一：简约式客厅空间（图5-39~图5-43）

图5-39 钢笔线稿

图5-40 马克笔上色第一遍

图5-41 马克笔上色第二遍

图5-42　上克笔上色第三遍

图5-43　彩铅上色调整细节材质　（作者：张雷）

步骤示范二：中式风格客厅（图5-44~图5-48）

图5-44　钢笔框架

图5-45　钢笔线稿

图5-46　马克笔上色第一遍

图5-47　马克笔上色第二遍

图5-48　彩铅上色调整细节材质　（作者：魏军）

马克笔与彩铅相结合的不同风格表达（图5-79~图5-81）

图5-49　马克笔与彩铅相结合的表现技法　（作者：张雷）

图5-50　马克笔与彩铅相结合的表现技法　（作者：张雷）

图5-51　马克笔与彩铅相结合的表现技法　（作者：张雷）

图5-52　马克笔与彩铅相结合的表现技法　（作者：吕方璞、张雷）

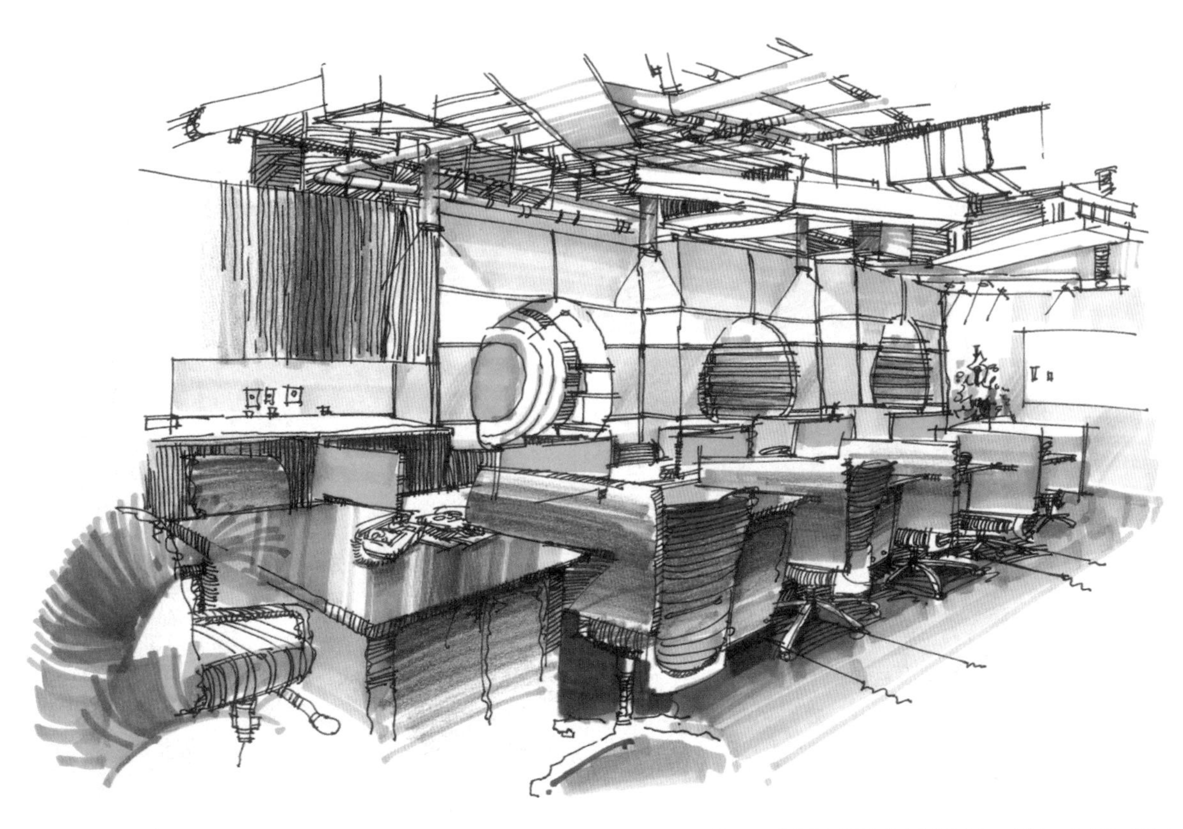

图5-53　马克笔与彩铅相结合的表现技法　（作者：吕方璞、张雷）

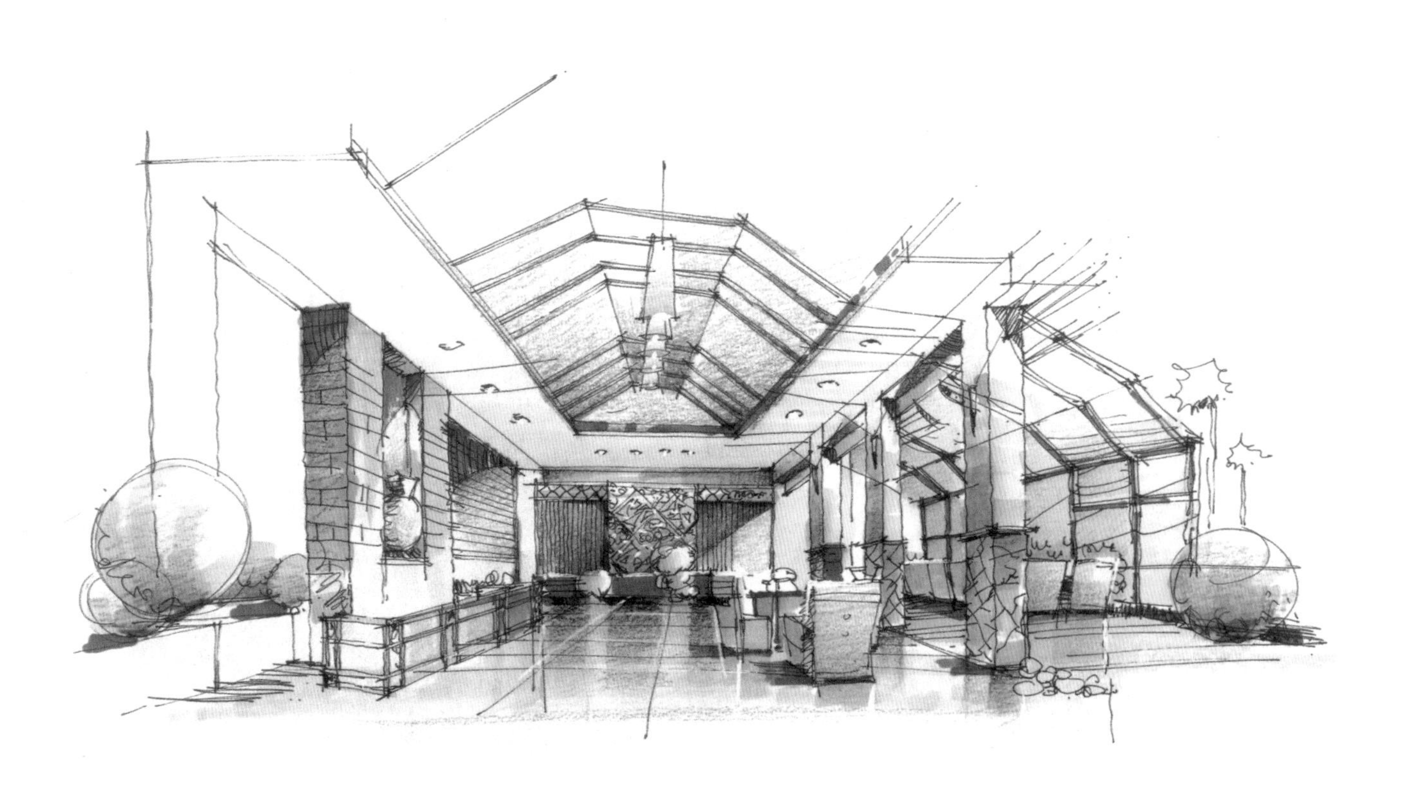

图5-54　马克笔与彩铅相结合的表现技法　（作者：杨翼、张雷）

图5-55　马克笔与彩铅相结合的表现技法　（作者：张雷）

图5-56　马克笔与彩铅相结合的表现技法　（作者：李霁）

图5-57　马克笔与彩铅相结合的表现技法　（作者：张雷）

图5-58　马克笔与彩铅相结合的表现技法　（作者：张雷）

图5-59　马克笔与彩铅相结合的表现技法　（作者：张雷）

图5-60　马克笔与彩铅相结合的表现技法　（作者：张雷）

图5-61 马克笔与彩铅相结合的表现技法 （作者：张雷）

图5-62 马克笔与彩铅相结合的表现技法 （作者：张雷）

图5-63　马克笔与彩铅相结合的表现技法　（作者：张雷）

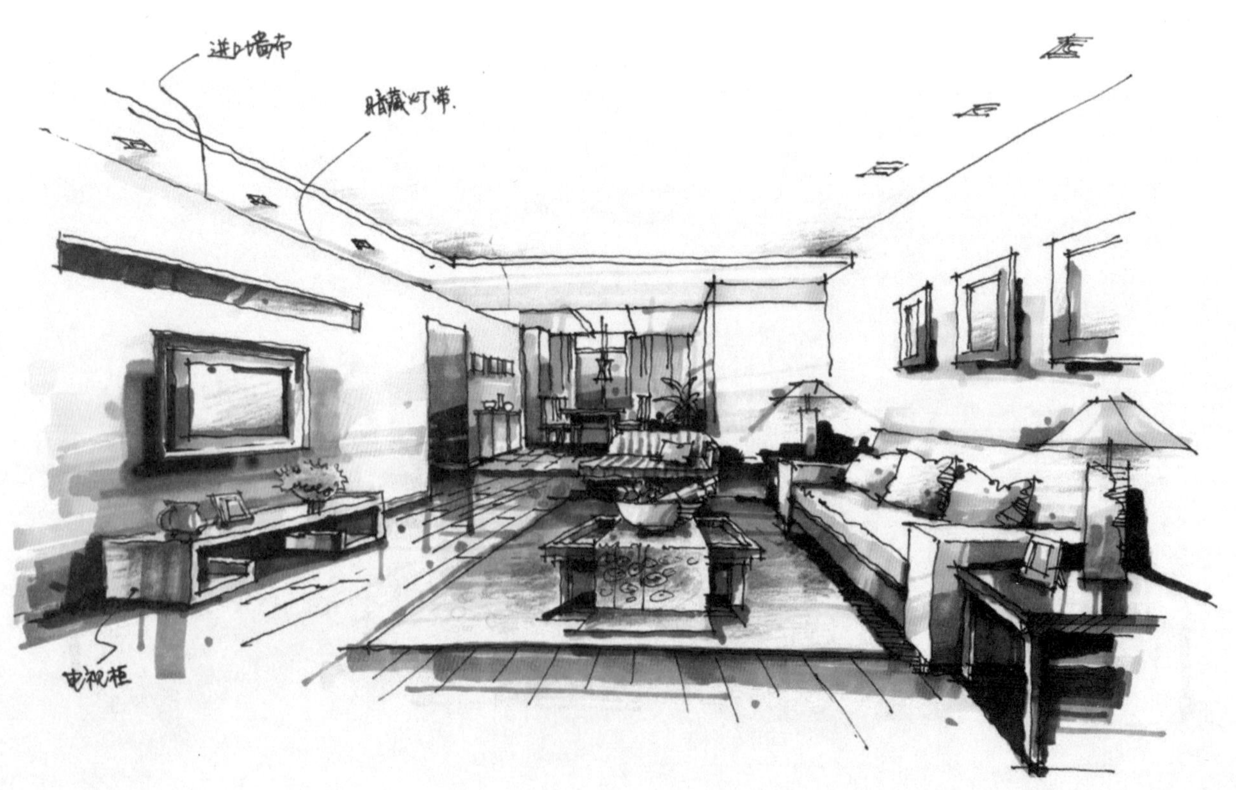

图5-64　马克笔与彩铅相结合的表现技法　（作者：范晶晶、罗凌）

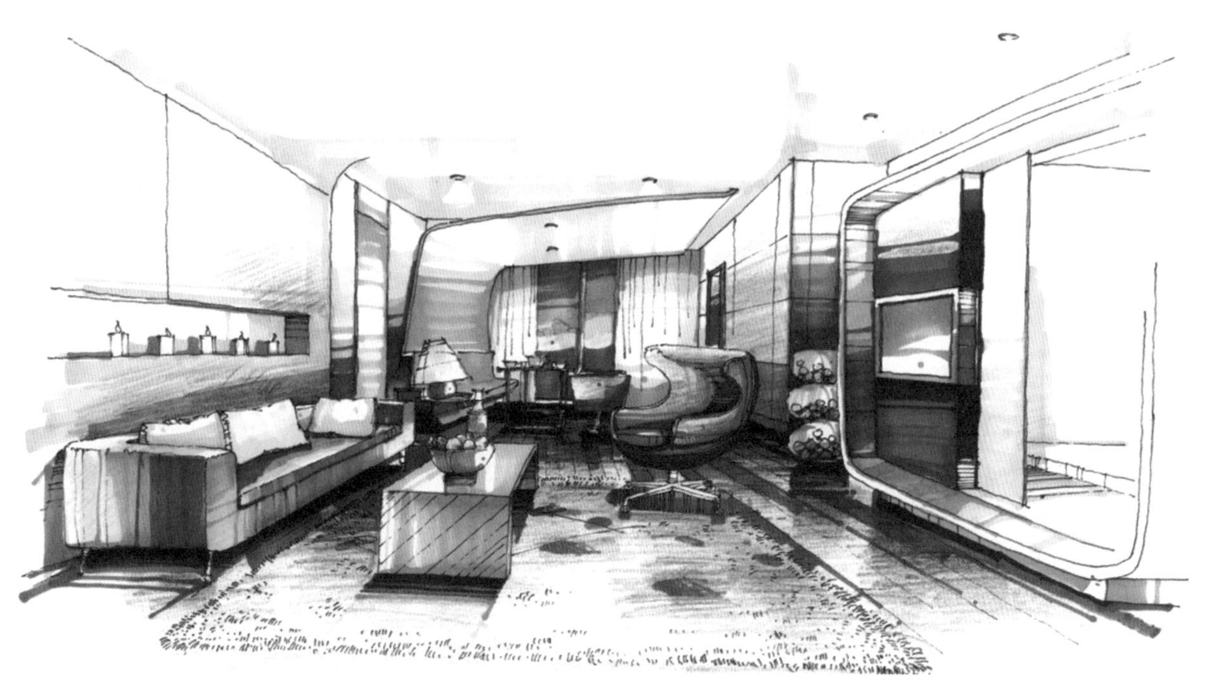

图5-65　马克笔与彩铅相结合的表现技法　（作者：范晶晶、罗凌）

图5-66　马克笔与彩铅相结合的表现技法　（作者：范晶晶、罗凌）

图5-67　马克笔与彩铅相结合的表现技法　（作者：范晶晶、罗凌）

图5-68　马克笔与彩铅相结合的表现技法　（作者：范晶晶、罗凌）

图5-69　马克笔与彩铅相结合的表现技法　（作者：范晶晶、罗凌）

图5-70　马克笔与彩铅相结合的表现技法　（作者：范晶晶、罗凌）

图5-71　马克笔与彩铅相结合的表现技法　（作者：范晶晶、罗凌）

图5-72　马克笔与彩铅相结合的表现技法　（作者：范晶晶、罗凌）

图5-73 马克笔与彩铅相结合的表现技法 （作者：范晶晶、罗凌）

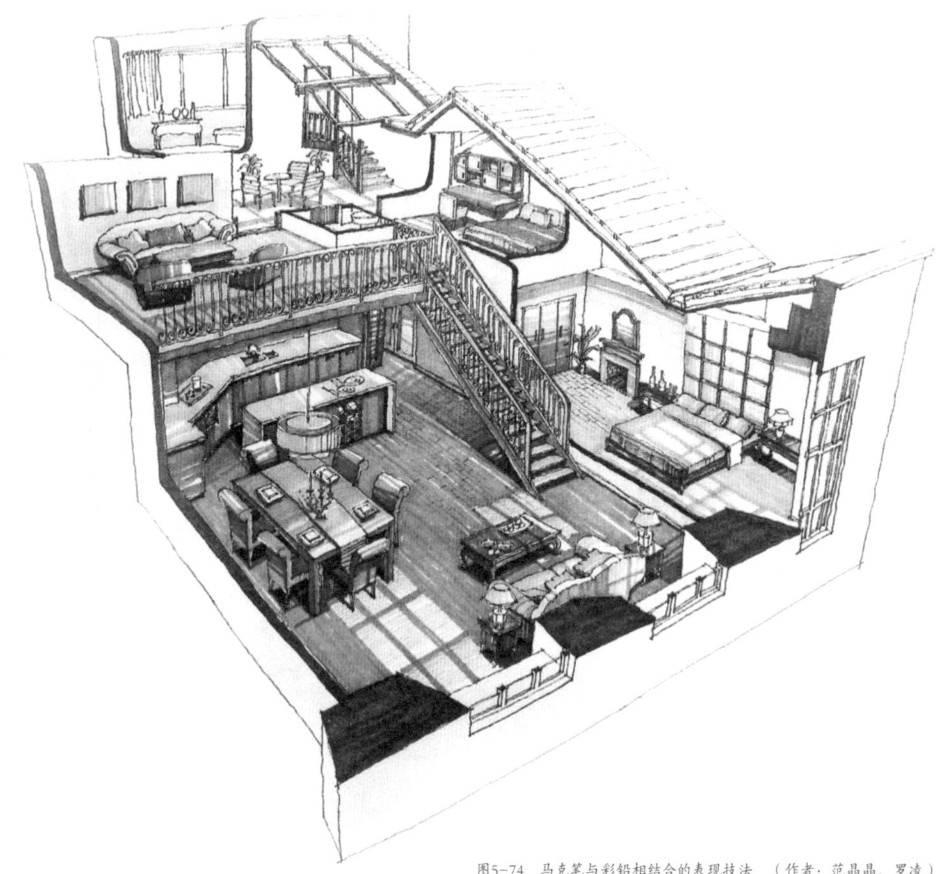

图5-74 马克笔与彩铅相结合的表现技法 （作者：范晶晶、罗凌）

图5-75 马克笔与彩铅相结合的表现技法 （作者：范晶晶、罗凌）

图5-76 马克笔与彩铅相结合的表现技法 （作者：范晶晶、罗凌）

图5-77 马克笔与彩铅相结合的表现技法 （作者：范晶晶、罗凌）

图5-78 马克笔与彩铅相结合的表现技法 （作者：胡家瑶）

图5-79 马克笔与彩铅相结合的表现技法 （作者：杨彬）

图5-80 马克笔与彩铅相结合的表现技法 （作者：胡家瑶）

图5-81 马克笔与彩铅相结合的表现技法 （作者：范晶晶、罗凌）

5.5 手绘与电脑绘图结合

随着现代计算机技术的飞速发展，绘图软件已能满足各种效果图的需要。

在效果图表现技法中，用计算机软件对手绘稿进行上色，操作性强，易于修改，同一张手绘稿可以调配出各种色调的效果，可重复操作多次。对于熟悉软件操作的人员，表现速度远比水彩、水粉、马克笔、彩铅等工具快。

在使用如Photoshop等软件上色的同时，可贴上一些特殊的材质。这样的方法十分快捷，在实际工作中非常便捷实用。

步骤示范一：客厅空间（图5-82~图5-86）

图5-82　钢笔线稿

图5-83　上色第一步

图5-84　上色第二步

图5-85 上色第三步

图5-86 最终效果调整完成 （作者：李寀）

步骤示范二：书房空间（图5-87~图5-90）

图5-87　钢笔线稿

图5-88　上色第一步

图5-89 上色第二步

图5-90 最终效果调整完成 （作者：李霁）

钢笔线稿，Photoshop上色表现技法示例（图5-91~图5-102）

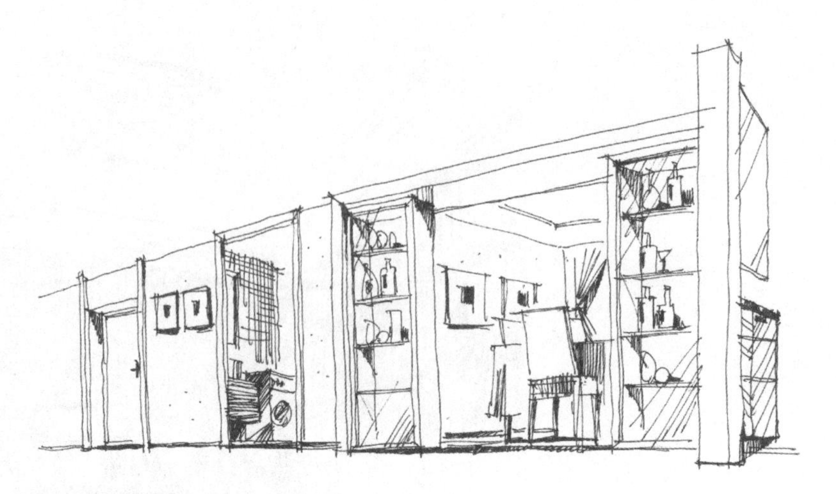

图5-91　走道空间钢笔线稿　（作者：李霁）

图5-92　走道空间PS上色效果　（作者：李霁）

图5-93　客厅空间钢笔线稿　（作者：李霁）

图5-94　客厅空间PS上色效果　（作者：李霁）

图5-95　书房空间钢笔线稿　（作者：李霁）

图5-96　书房空间PS上色　（作者：李霁）

图5-97　钢笔线稿PS上色（作者：李寀）

图5-98　钢笔线稿PS上色（作者：李寀）

图5-99　钢笔线稿PS上色（作者：李霁）

图5-100　钢笔线稿PS上色（作者：李霁）

图5-101　钢笔线稿PS上色（作者：李霁）

图5-102　钢笔线稿PS上色（作者：李霁）

思考与练习：

1．蒙图练习3张。

2．根据步骤示范，临摹各种表现技法的效果图各一张。

3．根据光盘中空间图片参考资料，完成5张左右效果图，手法不限。

6

室内空间效果图表现在设计中的应用

[学习要求]

通过本章节的学习，初步了解利用效果图表现技法完成设计案例，揭示设计方案前期的步骤和方法。

[学习提示]

作为初学者，如何掌握从二维平面格局，形成三维立体空间格局。这是一个难点，也是一个需要长期大量练习的过程。在学习的过程中，要把本书中第三、四、五章中的内容结合进行理解，才能达到理想效果。

在此章节中，我们以方案的设计过程为例，为大家讲解设计的方法和过程。

在完成设计方案的过程中，我们会遇到除了透视效果图以外的平面方案草图的表现技法。其基本工具及方法与前面所讲的一致。

6.1 酒店大堂平面图表现（图6-1~图6-8）

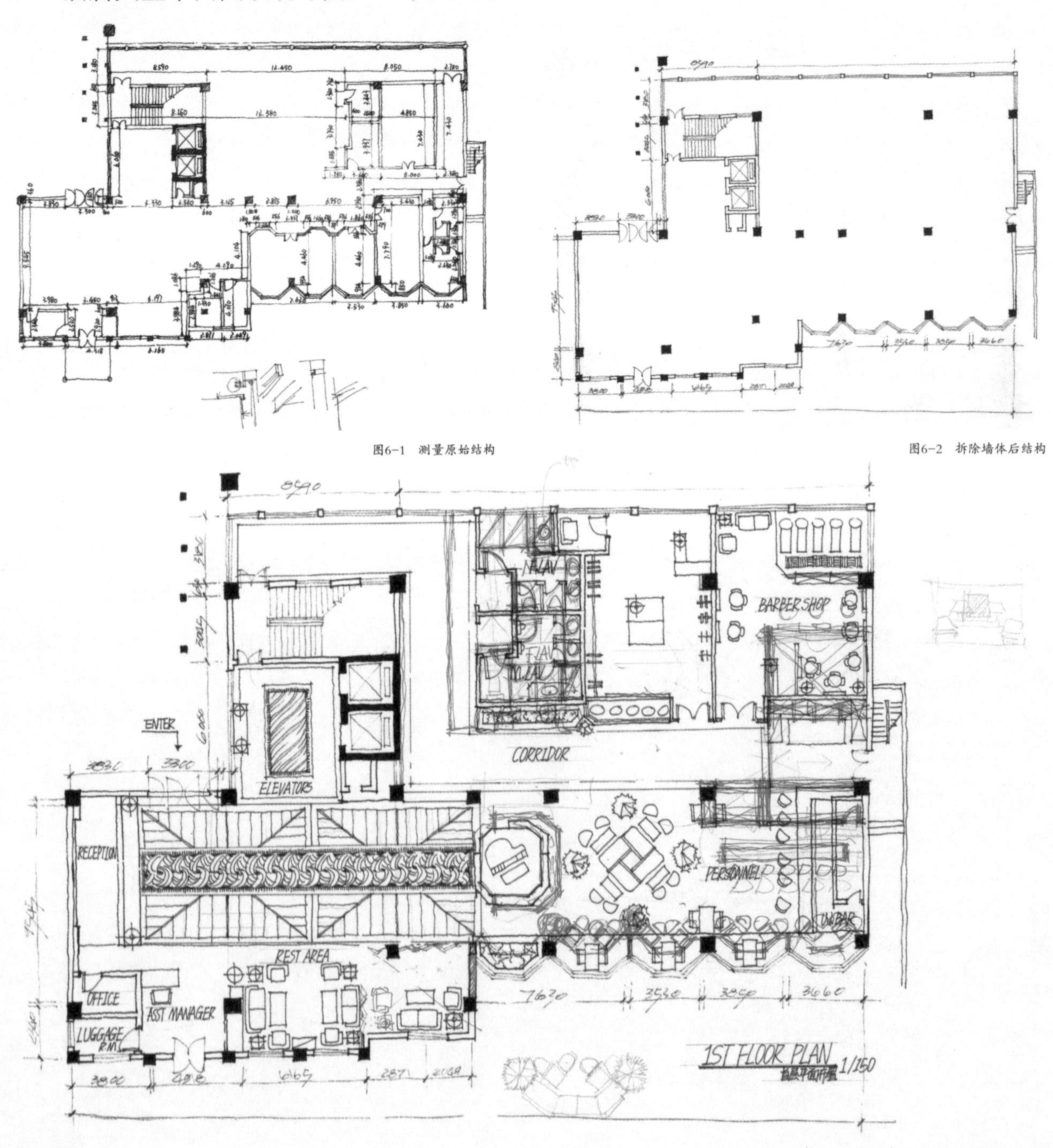

图6-1　测量原始结构

图6-2　拆除墙体后结构

图6-3　平面布局方案一草图　（作者：杨翼）

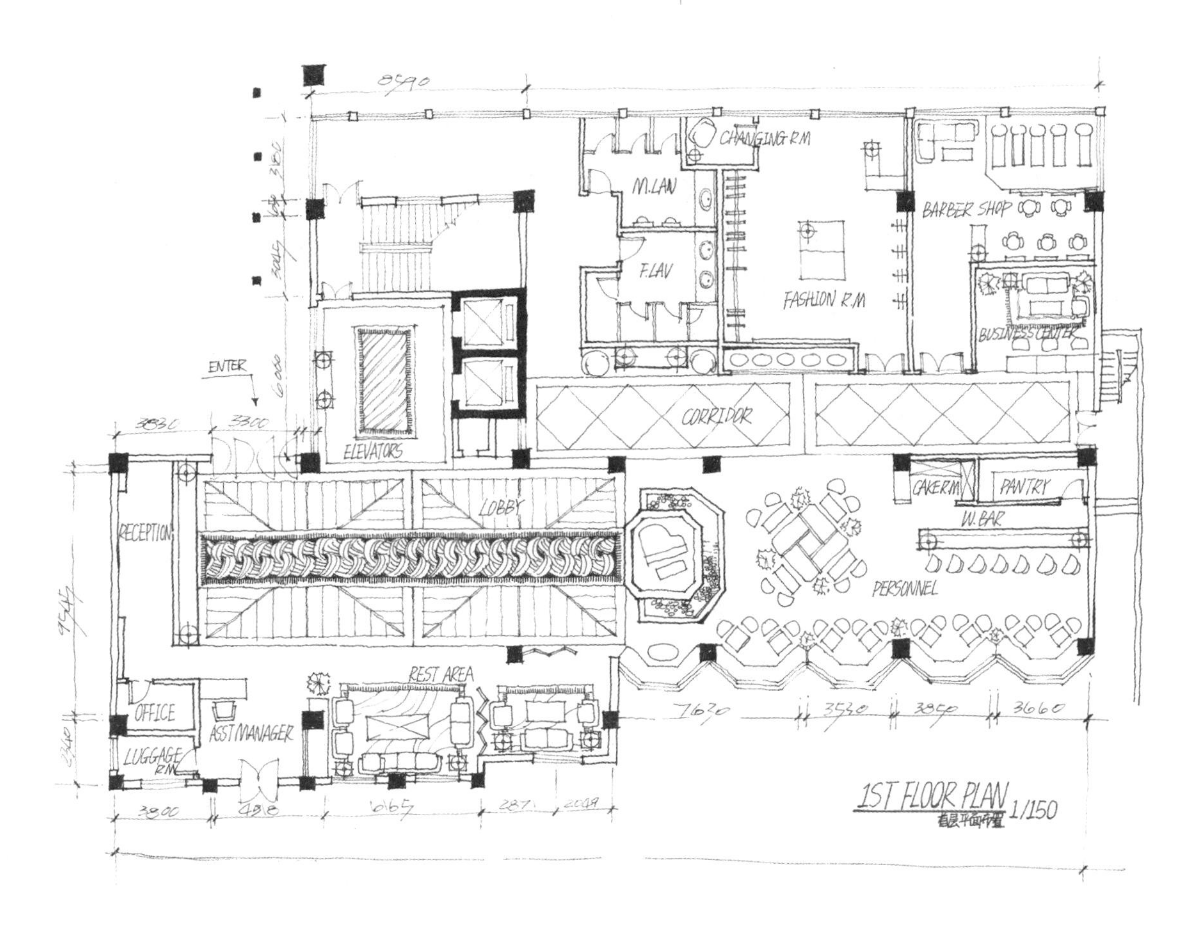

图6-4 平面布局方案一黑白稿 （作者：杨翼）

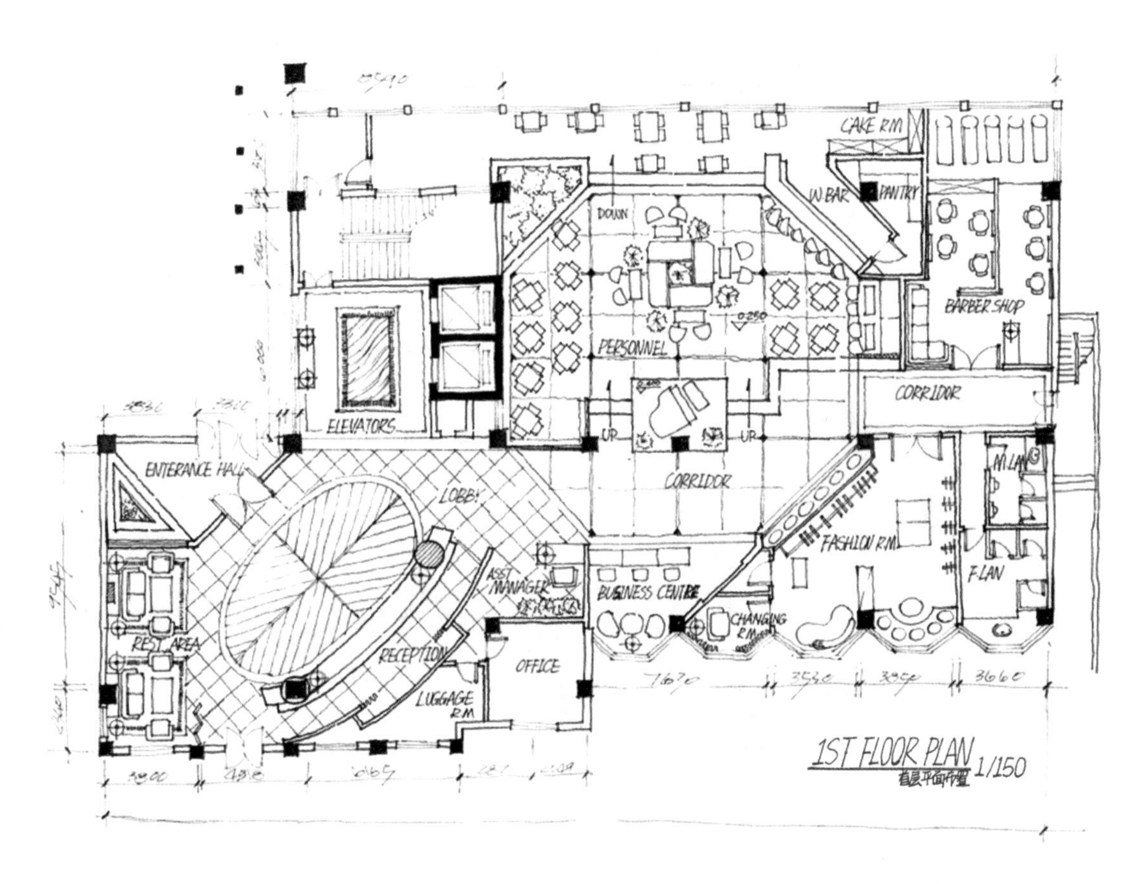

图6-5 平面布局方案二黑白稿 （作者：杨翼）

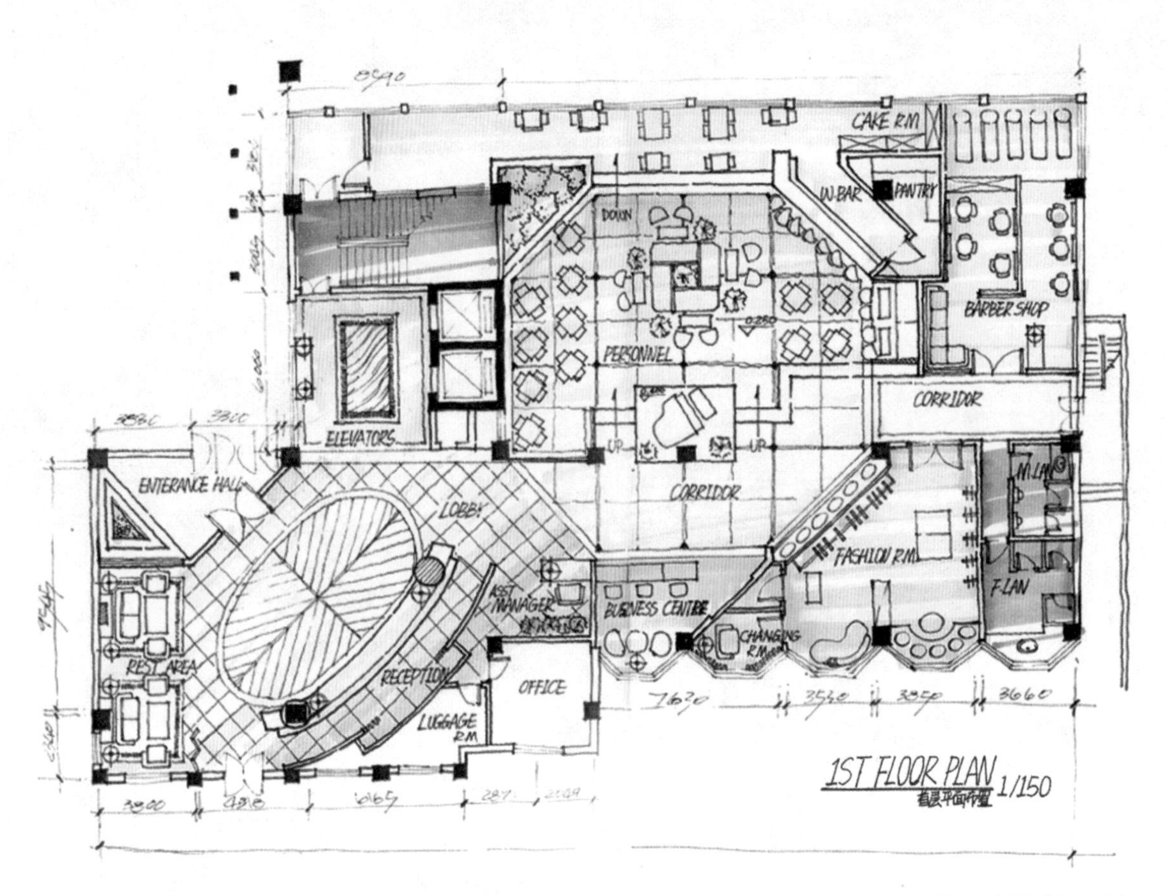

图6-6　平面布局方案二上色一

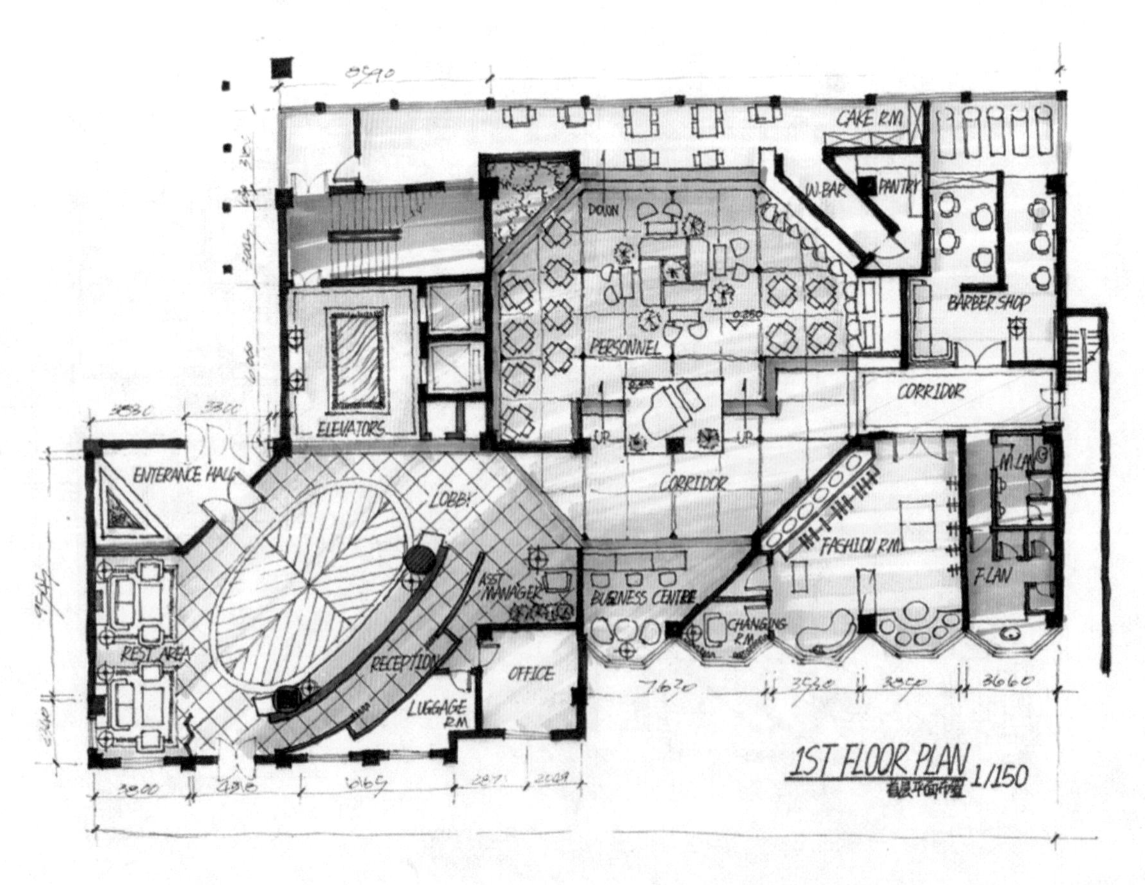

图6-7　平面布局方案二上色二

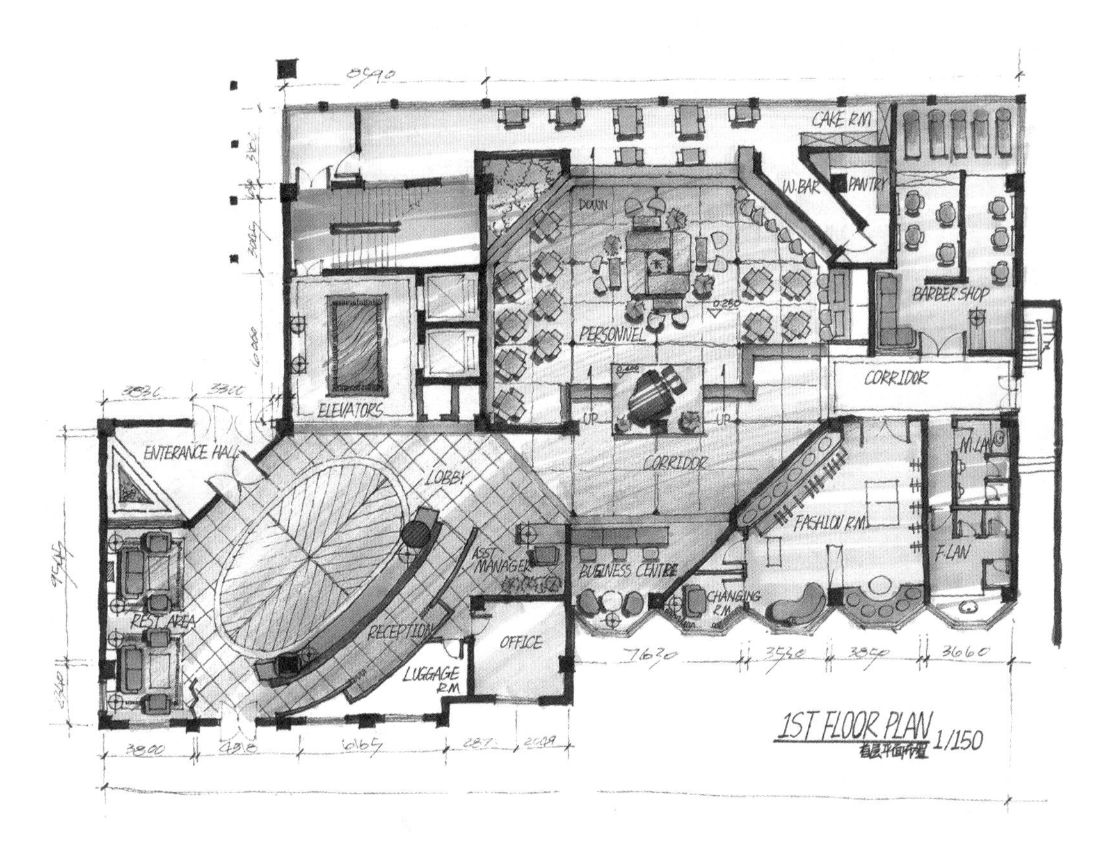

图6-8 平面布局方案二完成 （作者：杨翼、张雷）

6.2 别墅空间草图表现（图6-9~图6-19）

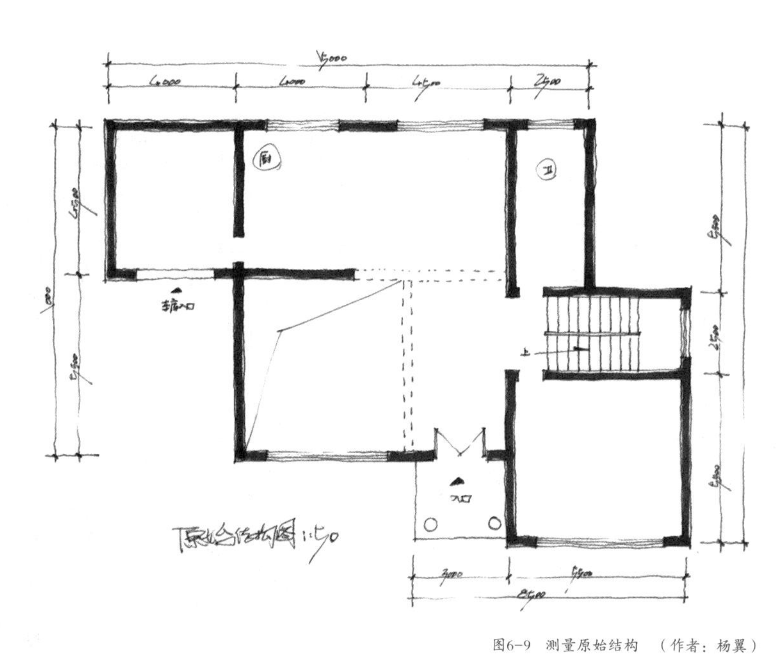

图6-9 测量原始结构 （作者：杨翼）

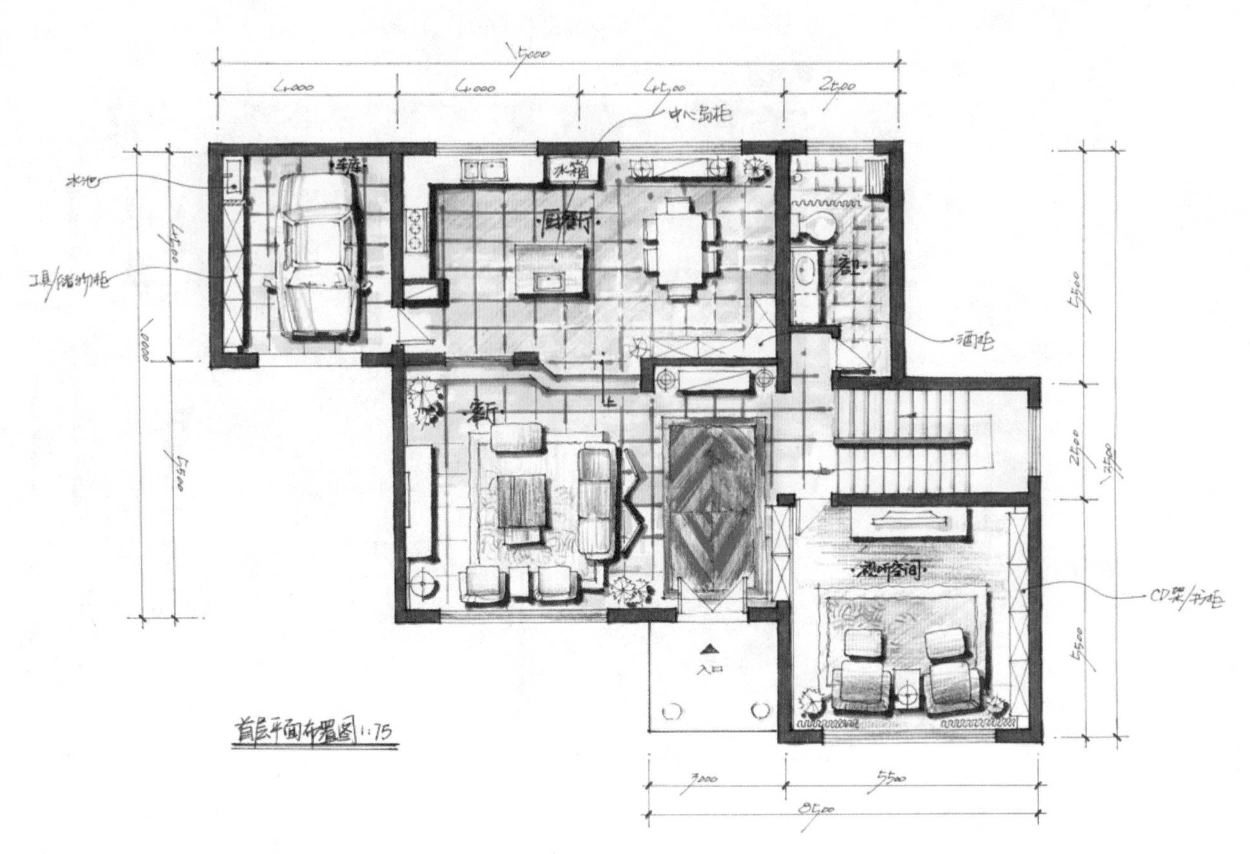

图6-10　一层平面布局　（作者：杨翼）

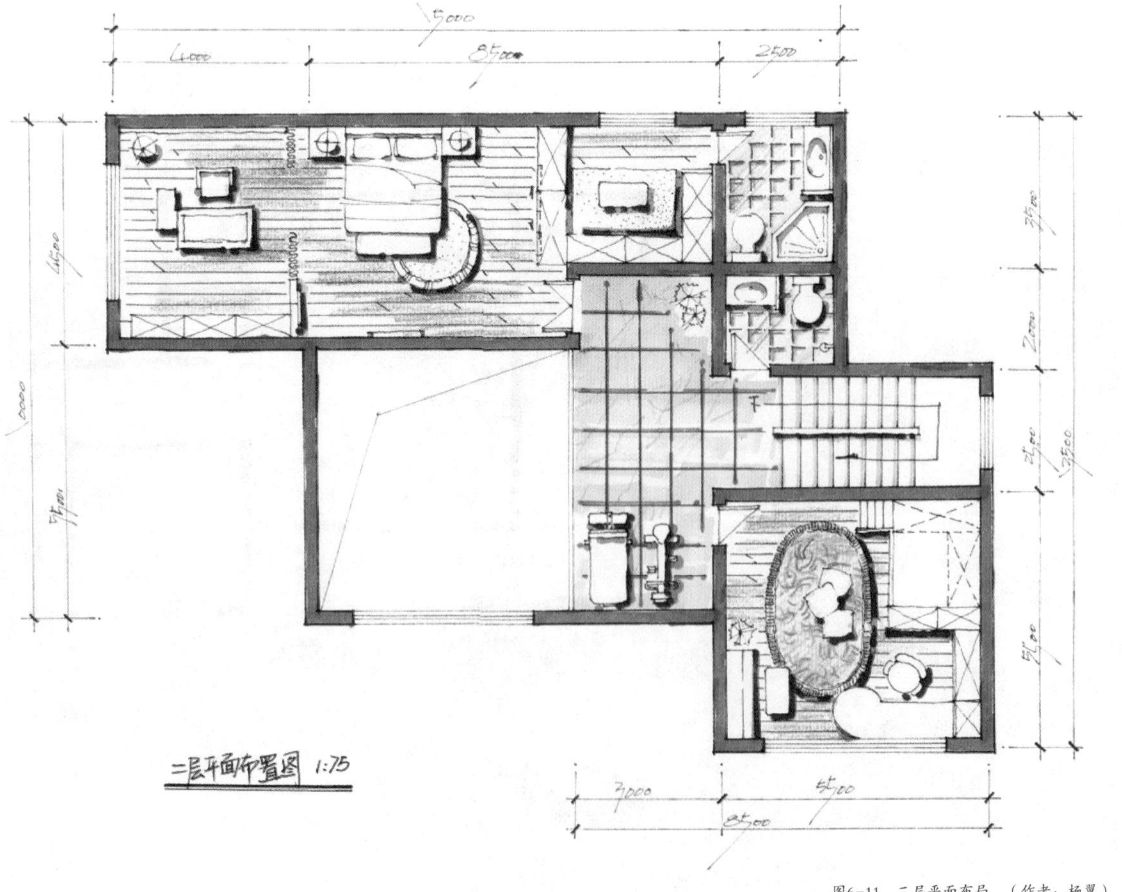

图6-11　二层平面布局　（作者：杨翼）

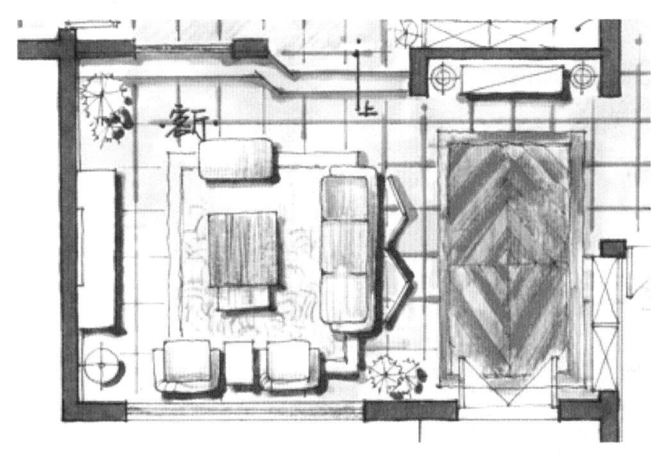

图6-12　入口平面局部

图6-13　入口透视草图　（作者：杨翼）

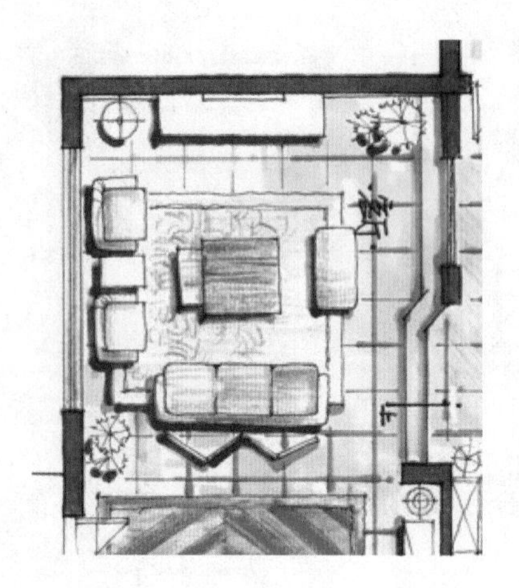

图6-14　客厅平面局部

图6-15　客厅透视草图　（作者：杨翼）

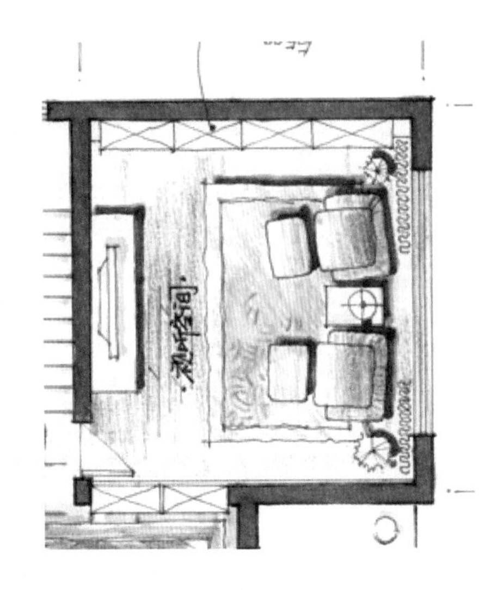

图6-16 视听室平面局部

图6-17 视听室透视草图 （作者：杨翼）

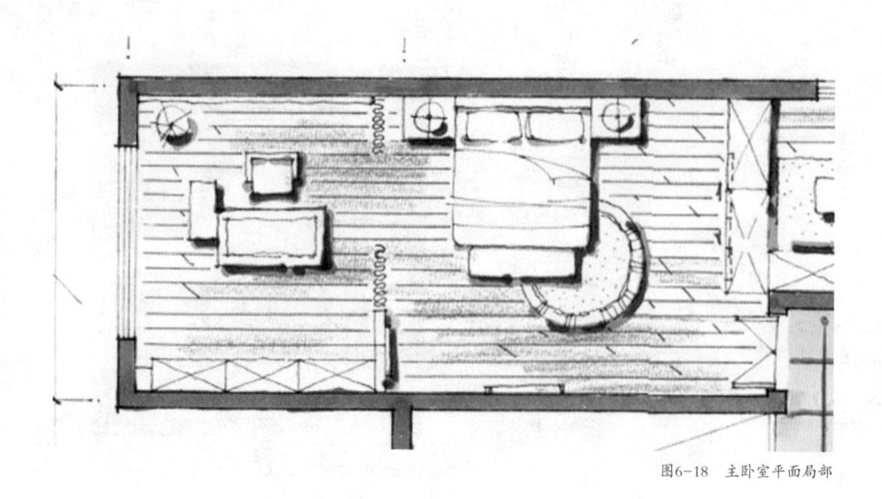

图6-18 主卧室平面局部

图6-19 主卧室透视草图 （作者：杨翼）

6.3 别墅空间效果图表现（图6-20~图6-33）

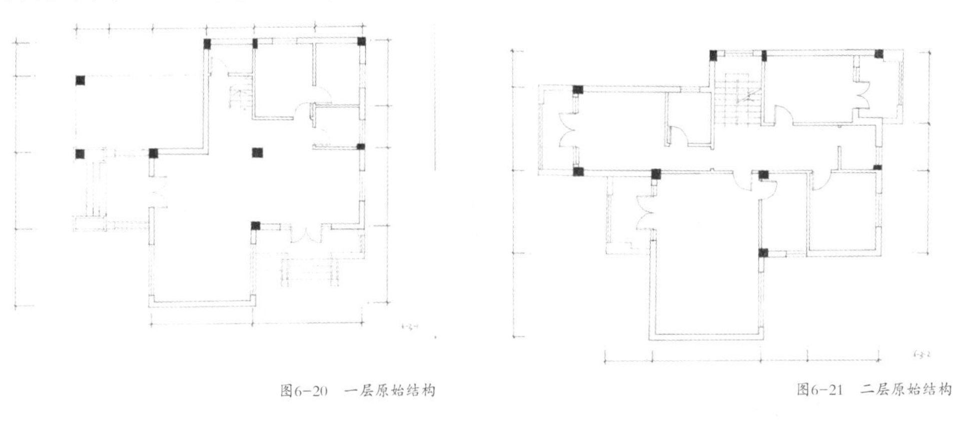

图6-20 一层原始结构

图6-21 二层原始结构

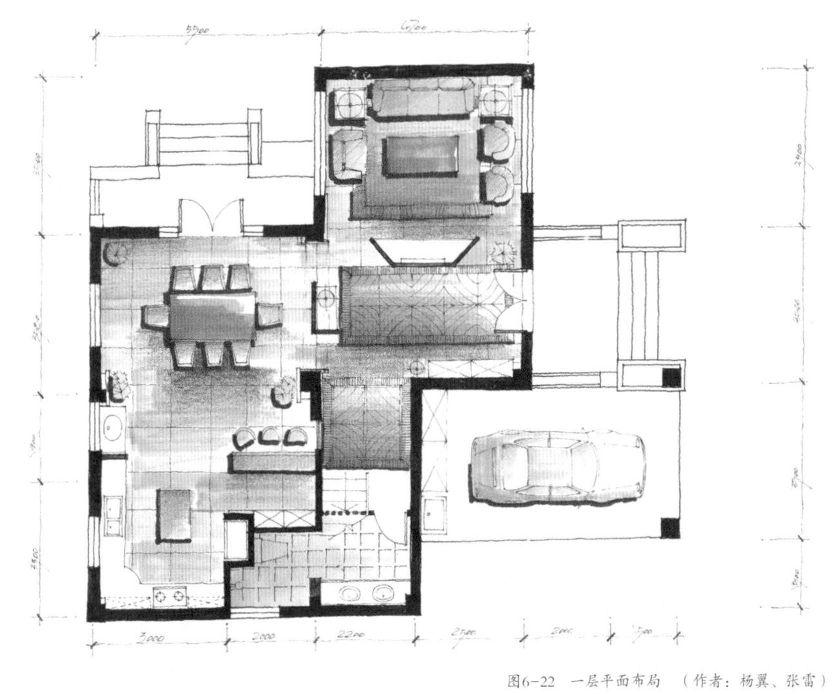

图6-22 一层平面布局 （作者：杨翼、张雷）

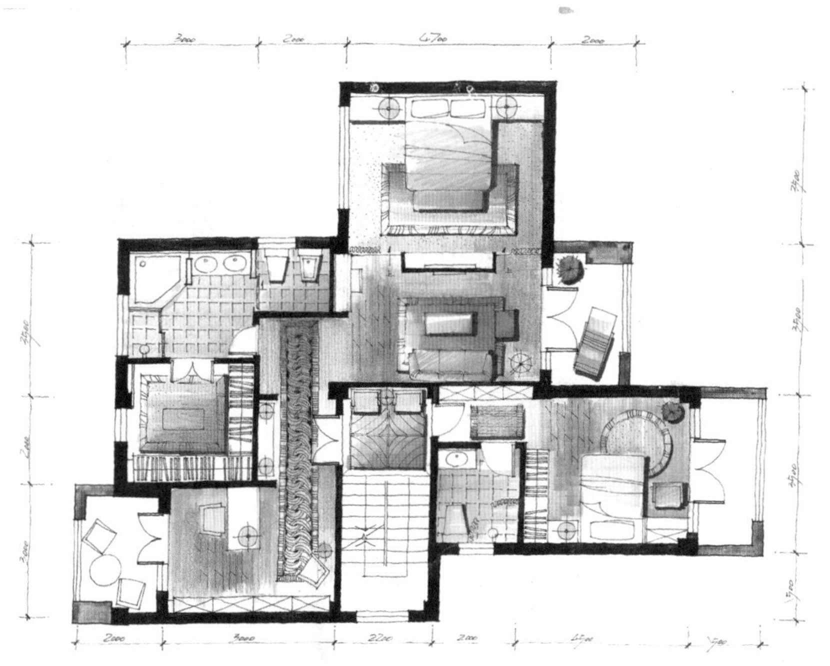

图6-23 二层平面布局 （作者：杨翼、张雷）

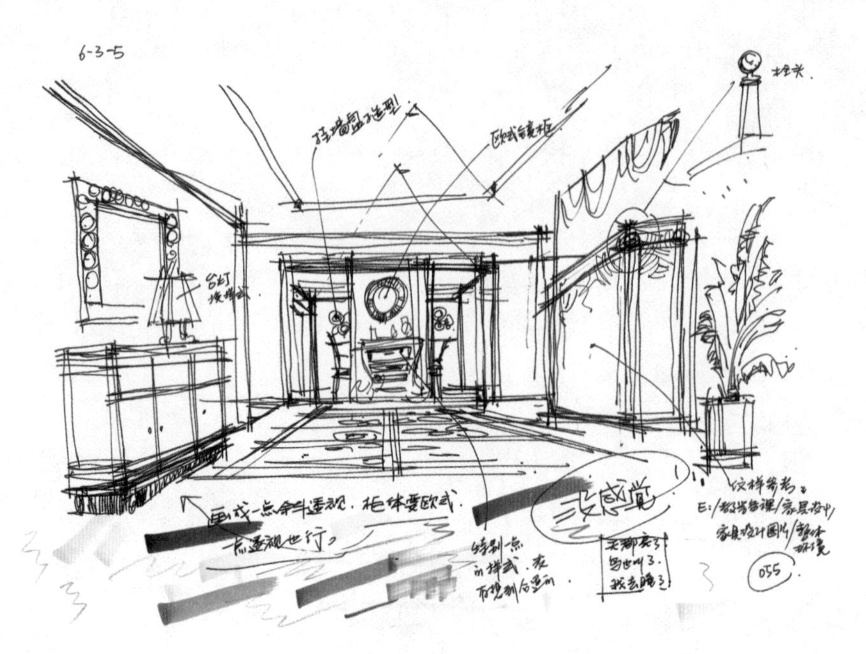

图6-24　入口透视草图

图6-25　入口透视正稿　（设计：杨翼　绘图：张雷）

图6-26 客厅透视正稿 （设计：杨翼 绘图：吕方璞、张雷）

图6-27 开放式厨房透视图 （设计：杨翼 绘图：吕方璞、张雷）

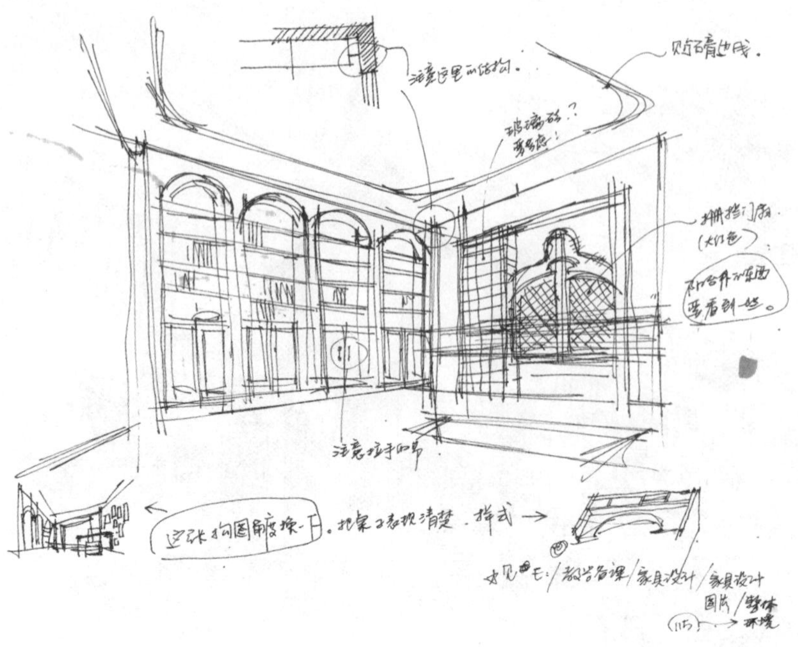

图6-28　书房透视草图

图6-29　书房透视正稿　（设计：杨翼　绘图：吕方瑛、张雷）

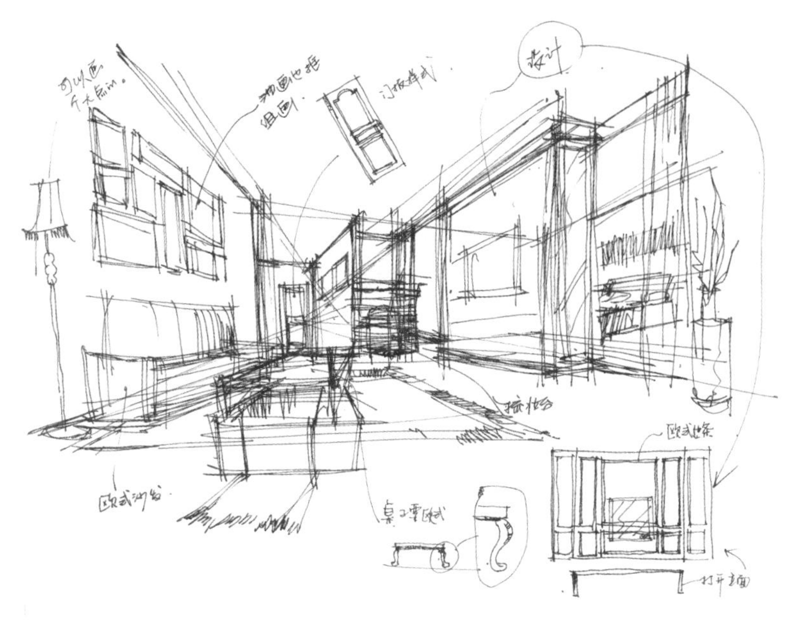

图6-30 主卧室透视草图

图6-31 主卧室透视正稿 （设计：杨翼 绘图：吕方璞、张雷）

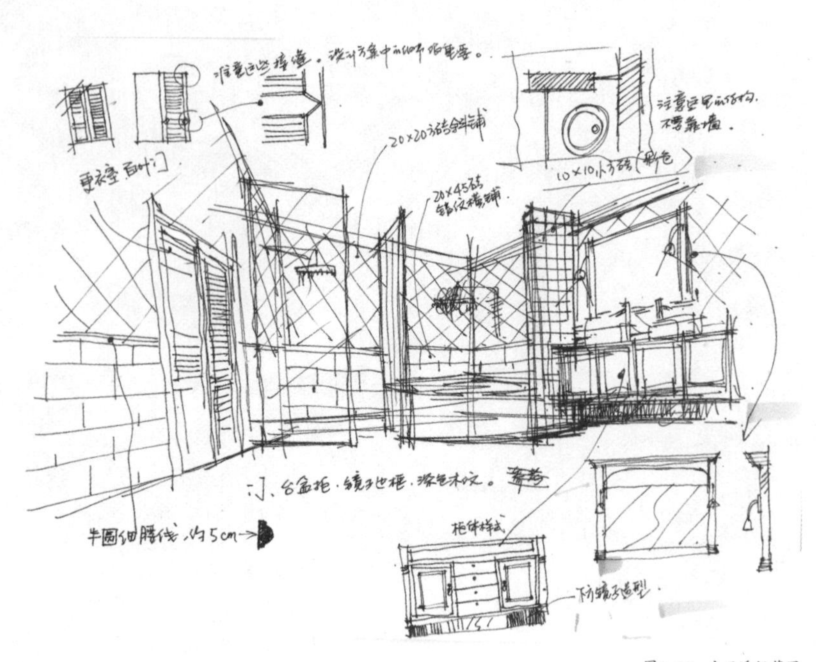

图6-32 主卫透视草图

图6-33 主卫透视正稿 （设计：杨翼 绘图：吕方璞、张雷）

思考与练习：

1．理解从平面到三维空间的转换角度与过程。

2．将书中平面布局的角度进行转换，完成3张效果图，手法不限。

参考文献

1. ［英］托姆莱斯·汤戈兹. 英国室内设计基础教程. 上海：上海人民美术出版社，2006.
2. ［美］盖瑞·梅斯恩斯. 钢笔画技法. 张士伟，金莉，译. 北京：中国青年出版社，1998.
3. 杨健，夏克梁，陈红卫. 手绘名家作品集. 南昌：江西美术出版社，2006.
4. 杨健. 室内空间徒手表现法. 沈阳：辽宁科学技术出版社，2003.
5. 杨健. 室内陈设徒手表现法. 沈阳：辽宁科学技术出版社，2008.
6. 郑曙旸. 室内设计表现图实用技法. 北京：中国建筑工业出版社，1991.
7. 符宗荣. 室内设计表现图技法. 北京：中国建筑工业出版社，1996.
8. ［美］保罗·拉索. 图解思考建筑表现技法. 邱贤丰等，译. 北京：中国建筑工业出版社，1999.
9. 吴卫. 钢笔建筑室内环境技法与表现. 北京：中国建筑工业出版社，2002.
10. ［美］迈克·W·林. 设计快速表现技法. 王毅，译. 上海：上海人民美术出版社，2006.
11. 韦自力. 设计一点通：透视. 南宁：广西美术出版社，2004.
12. 连柏慧. 纯粹手绘——室内手绘快速表现. 北京：机械工业出版社，2008.
13. 钱际宏. 室内外空间设计之手绘技法. 南宁：广西人民出版社，2004.
14. 柴海利. 最新国外建筑钢笔画技法. 南京：江苏美术出版社，2004.
15. 连柏慧. 纯粹手绘——室内手绘快速表现. 北京：机械工业出版社，2008.

致谢

在庐山百日特训营经历的那段难忘岁月，让我有了很大的提高并储备了大量的画作。同时，余工、杨健、陈红卫、夏克梁这些优秀老师的言传身教，让我对设计表达有了更深层次的理解。

感谢中国地质大学的罗凌老师，湖北工业大学的樊飞老师，以及学生张雷、吕方璞、刘文泽、王念、胡家瑶、魏军、黄定润、张艳、徐开诚为本书提供的作品支持。感谢羿天建筑设计公司李霁设计师的鼎力支持，为我们提供了最前沿的相关设计资讯。

作者简介

杨翼，硕士研究生，环境艺术设计专业教师。曾编写出版《环境艺术设计效果图表现技法》、《展示设计》、《展示设计及应用》、《建筑钢笔速写》等书。曾获“总统家杯”建筑手绘艺术设计大赛二等奖。

汤池明，硕士研究生，环境艺术设计专业教师。曾编写出版《环境艺术设计》、《环艺设计应试技巧》等书。